Marat Khaitbaev

Fornecimento moderno de energia na indústria automóvel

Marat Khaitbaev

Fornecimento moderno de energia na indústria automóvel

ScienciaScripts

Imprint

Cover image: www.ingimage.com

This book is a translation from the original published under ISBN 978-620-8-11611-8.

Publisher:
Sciencia Scripts
is a trademark of
Dodo Books Indian Ocean Ltd. and OmniScriptum S.R.L publishing group

120 High Road, East Finchley, London, N2 9ED, United Kingdom
Str. Armeneasca 28/1, office 1, Chisinau MD-2012, Republic of Moldova, Europe
Printed at: see last page
ISBN: 978-620-8-12197-6

"Para a minha Júlia."

- Marat Khaitbaev

Índice

Introdução **3**

Infraestrutura e ecossistema para casas e transportes inteligentes **4**

Descrição, caraterísticas, propriedades e vantagens do material compósito **7**

Âmbito de aplicação dos materiais compósitos **14**

Caraterísticas distintivas do material compósito **45**

Central autónoma de produção de energia **48**

Novo design da bateria de iões de lítio **54**

Lista das referências utilizadas, informações sobre patentes e licenças: **55**

Introdução

O conceito de casa inteligente e de transporte inteligente baseava-se inicialmente na utilização da energia solar para suprir todas as necessidades energéticas dos seus elementos de infraestrutura.

Estas soluções foram demonstradas em exposições mundiais de energia solar e envolveram, em grande medida, a utilização de dispositivos movidos a energia solar para recarregar as baterias de veículos eléctricos.

Já nas primeiras demonstrações, foi identificado que, na casa inteligente e no transporte inteligente, são necessárias baterias e acumuladores para armazenar e conservar eletricidade, minimizando o seu consumo, a fim de assegurar um fornecimento estável de eletricidade.

As primeiras experiências sobre a utilização de baterias e acumuladores de automóveis para este fim mostraram claramente a grande dependência dos dispositivos de armazenamento em relação ao aquecimento e forçaram a procura de uma solução clara para este problema através da utilização de novos materiais de construção para o fabrico de peças de alojamento de dispositivos de armazenamento de energia e acumuladores destinados a serem utilizados em infra-estruturas e subsistemas domésticos inteligentes com a possibilidade de utilização posterior em veículos eléctricos.

Infraestrutura e ecossistema para casas e transportes inteligentes

O livro trata de componentes inovadores de infra-estruturas de casas e transportes inteligentes em termos de solução eficiente dos problemas de fornecimento de energia e da aplicação das soluções integradoras mais avançadas baseadas na utilização dos mais recentes materiais compósitos para resolver estes e outros problemas semelhantes.

Como resultado de uma pesquisa profunda, foi determinado que, para resolver o problema do aquecimento de instalações elétricas, é necessário usar um material composto, que é simultaneamente um condutor de corrente elétrica e um condutor de calor eficaz, com uma estrutura condutora tridimensional desenvolvida, com nós uniformemente distribuídos (mais convenientemente - microesferas), com pontos de máxima condutividade térmica distribuídos uniformemente pelo volume do material, ao mesmo tempo em que não são condutores de corrente elétrica (ou seja, feitos de material com condutividade térmica máxima).

O material deve, portanto, ter a forma de uma micro-rede tridimensional, nos nós da qual estão dispostas esferas de diamante, que são os melhores condutores de calor conhecidos, separadas no espaço tridimensional da estrutura umas das outras por conchas esféricas de cobre, que são excelentes condutores e condutores de calor.

Assim, para a corrente eléctrica (sobretudo para a corrente em modo pulsado), a estrutura compósita é uma espécie de volume pseudo-esponjoso ou pseudo-poroso, uma vez que, ao longo do referido volume do material condutor, se distribuem uniformemente espaços esféricos dieléctricos, de dimensão proporcional às dimensões do espaço condutor.

Este facto favorece uma dissipação de corrente bastante rápida e uniforme, por um lado, e uma dissipação de calor rápida, eficaz e uniforme, por outro, fenómenos que ocorrem no mesmo volume de material.

Figura 1: Modelos de uma esfera de diamante (cor vermelha) e de uma concha de cobre (cor dourada).

Os materiais mais dúcteis conhecidos, por exemplo, o cobre ou a prata, que têm a condutividade eléctrica mais elevada de todos os materiais conhecidos, são utilizados como materiais de revestimento. Quando sujeitos a alta pressão num volume fechado, estes metais podem ser levados a um estado fluido a frio.

Sob a condição de aplicação de alta pressão num volume fechado tridimensional, a natureza e a forma de interação entre as cápsulas na estrutura são modificadas, o que torna possível formar produtos com as condições técnicas e tecnológicas necessárias, que são impossíveis de obter com tecnologias convencionais.

O novo material pode obter as suas propriedades invulgares graças a técnicas tecnológicas adequadas que, com a sua originalidade, se tornam a base de um processo tecnológico complexo - o objeto da invenção de base e de uma série de invenções de aplicação destinadas a desenvolver e melhorar as propriedades dos referidos materiais compósitos e seus derivados.

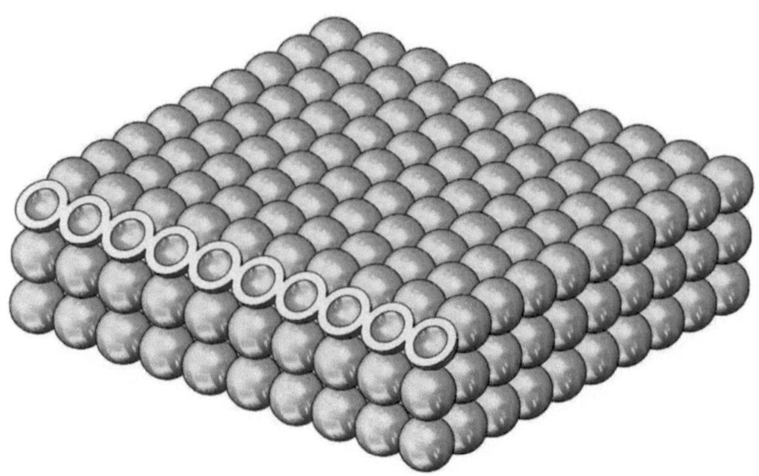

Figura 2: Modelo tridimensional do material compósito.

Tendo em conta todas as caraterísticas preliminares do material de construção proposto para o fabrico de partes do corpo, é possível dar-lhe uma caraterização mais completa, que nesta fase do processamento analítico pode ser uma formulação e, ao mesmo tempo, uma caraterização técnica.

Descrição, caraterísticas, propriedades e vantagens do material compósito

Um material modular compósito com elevada condutividade térmica, elevada condutividade eléctrica, capaz de absorver e dissipar quantidades significativas de energia em períodos de tempo muito curtos, de absorver e transmitir quantidades significativas de energia à distância e de ter a máxima resistência mecânica, com a máxima fiabilidade na manutenção de formas geométricas precisas quando exposto a elevadas concentrações de temperatura, energia e outros tipos de efeitos extremos nocivos.

Nas fases subsequentes de análise, é elaborada uma caraterização mais coerente do material, na qual são introduzidos parâmetros que permitem identificar as etapas e os passos ao longo do processo de produção deste material inovador.

Formulação de um novo material compósito como produto:

- um material compósito com uma estrutura tridimensional (volumétrica) desenvolvida, constituída por um conjunto de invólucros esféricos multiníveis idênticos que cobrem núcleos esféricos. Os núcleos com invólucros (cápsulas) são ligados entre si através de uma série de operações tecnológicas consecutivas e têm uma forma equivalente de contacto entre si para todas as cápsulas da estrutura;
- O material compósito tem propriedades de supercondutividade térmica e supercondutividade eléctrica;
- O material compósito tem uma elevada resistência mecânica, não é propenso a tensões internas mecânicas e térmicas e, como consequência destes fenómenos, à ocorrência de deformações internas;
- o material compósito pode ser sujeito a pressões elevadas e pode entrar no regime de fluido frio sob a influência dessas pressões, pelo menos para uma parte dos componentes, o que permite calibrar a forma geométrica

tridimensional da estrutura e assegurar dimensões geométricas muito precisas da estrutura com um elevado grau de repetibilidade.

Variantes do nome e definição da tecnologia de produção de materiais compósitos:

Um método para fabricar um material compósito pseudo-esponjoso ou pseudo-poroso que inclui uma pluralidade de cápsulas nanométricas ligadas entre si para formar uma estrutura tridimensional sujeita, na fase final do fabrico, a uma deformação volumétrica de calibração plástica num modo de fluido frio para um material plástico de revestimento das cápsulas nanométricas.

A técnica de produção de pó em nanoescala a partir de diamante e o seu posterior revestimento com cobre ou outros metais plásticos é uma técnica relativamente bem conhecida em termos de princípios tecnológicos, mas que, nas fases posteriores do projeto, exige uma relativa modificação.

Como resultado de uma pesquisa aprofundada de patentes e de uma análise comparativa dos seus resultados, são determinadas as principais caraterísticas distintivas do material proposto:

- condutor e dissipador de corrente eléctrica;
- condutor de calor e dissipador de calor;
- condutor e dissipador de calor;
- calor que conduz e dissipa a corrente eléctrica,
- geralmente considerados como compostos complexos integrativos:
- com base em componentes constituintes esféricos microscópicos ligados entre si no processo de realização dos princípios dos fluidos frios,
- sob a forma de cápsulas esféricas multicamadas com um fator dimensional de todos os elementos estruturais
- na gama métrica nanométrica.

Uma estrutura tridimensional, composta, pseudo-esponjosa,

compreendendo uma pluralidade de camadas com forma geométrica equivalente (idêntica) e cada uma consistindo em, pelo menos, dois componentes em camadas em contacto entre si e formando uma forma geométrica tridimensional completa, em que os referidos componentes estão uniformemente e equivalentemente distribuídos pelo volume, têm e formam condições iguais de interação eléctrica e térmica entre si, em que as camadas do mesmo tipo de todos os componentes estão separadas umas das outras por uma única camada.

Uma estrutura tridimensional, caracterizada pelo facto de cada camada em cada componente ser uma figura geométrica tridimensional fechada.

Uma estrutura tridimensional, caracterizada pelo facto de cada camada sucessiva em cada componente cobrir toda a superfície da camada anterior em cada componente.

Os objectivos definidos neste livro são:

- aumentar a potência dos dispositivos electrónicos nos quais os materiais propostos devem ser utilizados;
- reduzir o tamanho dos dispositivos electrónicos em que os materiais propostos serão utilizados;
- aumentar o nível de fiabilidade dos dispositivos electrónicos em que os materiais propostos serão utilizados;
- prolongamento da vida útil dos dispositivos electrónicos em que os materiais propostos serão utilizados;
- Melhorar a eficiência global dos dispositivos electrónicos em que os materiais propostos serão utilizados.

O material compósito proposto é capaz de alterar fundamentalmente as condições de funcionamento e as caraterísticas de desempenho dos dispositivos electrónicos de alta energia e permite criar uma nova geração de dispositivos electrónicos muito menos dependentes das caraterísticas térmicas. Isto é especialmente importante para dispositivos pulsados de alta potência com uma potência no pico do impulso superior à potência nominal do dispositivo.

A título de exemplo, um laser semicondutor de estrutura única com uma potência ótica nominal de saída de 300 miliwatts e um comprimento de onda de 780 nanómetros, que, quando ligado a um módulo eletrónico de controlo que funciona na gama das radiofrequências (100 megahertz) com um pico de impulsos de 10 nanossegundos de duração, repetidos de 10 em 10 nanossegundos, apresentou uma potência ótica de saída de 3,1 watts durante 72 horas. A hetero-estrutura do díodo laser semicondutor acima referido foi montada num substrato feito do material compósito proposto sob a forma de uma estrutura pseudo-esponjosa.

Oportunidades adicionais que a utilização do material proposto proporciona:

- fabrico de caixas de instrumentos a partir do mesmo material com uma estrutura homogénea e monótona;
- execução de caixas e partes de suporte de dispositivos electrónicos sob a forma de um sistema de esponja condutora, capaz de, em caso de picos repentinos de pulsação de corrente ou de picos repentinos de pulsação de temperatura, dissipar ou acumular no mais curto espaço de tempo uma parte excessiva da carga de energia subitamente gerada;
- a possibilidade de combinar as funções de condução de corrente e de condução de calor num único e mesmo elemento estrutural.

O que é que supostamente se inventa em resultado disso?

- estrutura de uma cápsula multicamada (multinível);
- A forma geométrica da cápsula multicamada (multinível) é uma esfera;
- ordem de alternância das camadas (níveis) numa cápsula esférica;
- a ordem e a geometria das cápsulas esféricas na estrutura tridimensional do produto;
- o princípio tecnológico de fabrico do produto;

- introdução no processo de fabrico - a operação de calibração da forma geométrica do produto, após a primeira fase de prensagem;
- operação de calibração num sistema de coordenadas tridimensional;
- efetuar a operação de calibração quando o estado do material da camada exterior (invólucro) da cápsula é próximo ou equivalente ao estado de fluido frio;
- remoção de todas as cavidades não preenchidas com material condutor do espaço tridimensional do produto durante a calibração;
- formação de uma estrutura pseudo-esponjosa no espaço tridimensional do produto, com o papel de pontos de separação na referida estrutura desempenhado por materiais menos plásticos do que os utilizados no compósito da cápsula;
- utilizando a estrutura de esponja do produto para dissipar o calor e a corrente em todo o volume;
- utilização da estrutura de pseudo-esponja do produto para absorver (absorver) o excesso de energia que surge durante os momentos de pico do modo de funcionamento por impulsos do produto;
- utilização do estado de fluido frio para aliviar as tensões internas no material e calibração dimensional em três coordenadas simultaneamente;
- uma combinação de materiais numa hierarquia de invólucros de uma cápsula de forma esférica, de modo a que cada camada sucessiva seja feita de um material menos duro e mais dúctil;
- combinação de materiais na hierarquia do núcleo e dos invólucros de uma cápsula esférica, de tal forma que o núcleo é sempre feito do material mais duro de todos os materiais utilizados para criar a cápsula;
- aplicação como princípio principal de calibração - preservação sem deformação do núcleo sólido da esfera e nível máximo de deformação plástica dos materiais plásticos das camadas periféricas da esfera da cápsula;

- aplicação para calibração de alta pressão específica em espaço tridimensional fechado;

- aplicação do princípio da distribuição uniforme da pressão ao longo de todas as coordenadas (eixos) de um espaço tridimensional fechado;

- seleção das espessuras das camadas plasticamente deformáveis de modo a que a espessura mínima da camada seja maior ou igual ao diâmetro do núcleo da cápsula.

A caraterística principal do material compósito formado a partir de cápsulas esféricas multicamadas em duas fases, das quais a primeira fase prevê que as esferas sejam postas em contacto na superfície esférica exterior e que esse contacto seja pontual, e a segunda fase prevê que a peça intermédia seja colocada num volume tridimensional fechado geometricamente equivalente à forma calculada do produto e que haja um impacto extremo sobre a peça por meio de alta pressão que se propague ao longo de todos os eixos e coordenadas do referido volume, bem como o nível de gravidade específica das esferas no volume do material plástico condutor. Neste caso, a peça de trabalho assume a forma de uma estrutura pseudo-esponjosa na qual os núcleos de semicondutor, cerâmica, diamante ou condutor com determinadas propriedades estão uniformemente distribuídos pelo volume do material plástico condutor.

Vantagens do compósito quando utilizado no armazenamento de eletricidade e de baterias em casas e veículos inteligentes:

- Estrutura tridimensional composta de pseudo-esponja, super condutora térmica e super condutora eléctrica, que proporciona uma dissipação máxima do calor, uma absorção máxima da corrente, uma baixa resistência eléctrica, uma baixa resistência térmica, um baixo nível de perdas de corrente durante a sua passagem através da estrutura, uma velocidade máxima de passagem dos sinais de impulsos, com perdas mínimas de energia, um nível máximo de absorção dos impulsos de energia que ocorrem a alta frequência e que têm uma duração curta comparável à frequência dos impulsos.

Os benefícios indirectos incluem o seguinte:

- materiais e esferas nanométricas para utilização como núcleos de cápsulas são produzidos em massa com base em vários processos de fabrico idênticos;
- são conhecidos e testados processos tecnológicos para a aplicação ou construção de camadas (cascas) a seguir ao núcleo;
- Os processos de calibração volumétrica são utilizados nas técnicas de extrusão a frio para a produção de moldes, matrizes, etc.

A solução técnica proposta pode tornar-se objeto de invenção. Foram efectuados trabalhos de pesquisa preliminares.

A fim de avaliar o verdadeiro potencial de inovação, o autor efectuou um trabalho preliminar de conceção e construção para ligar a um modelo clássico de automóvel de passageiros da Porsche, sem entrar em pormenores, mas apenas em princípio.

Âmbito de aplicação dos materiais compósitos

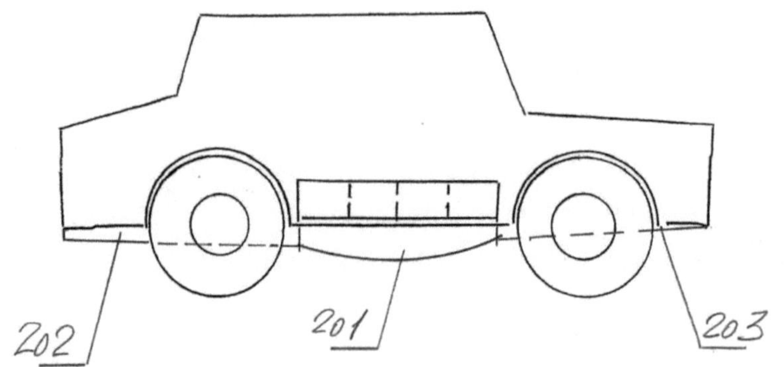

Figura 3

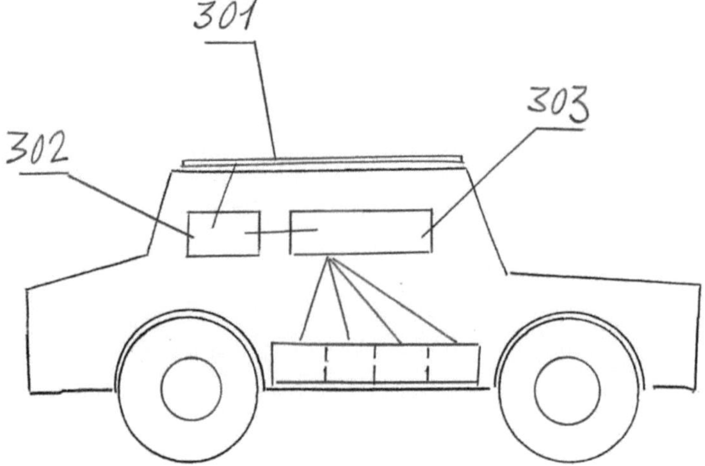

Figura 4

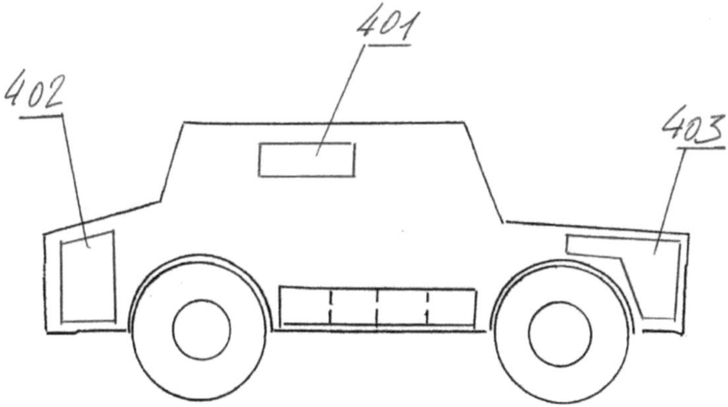

Figura 5

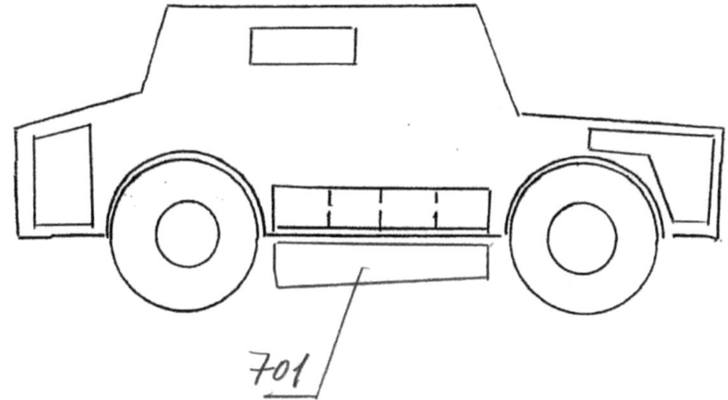

Figura 6

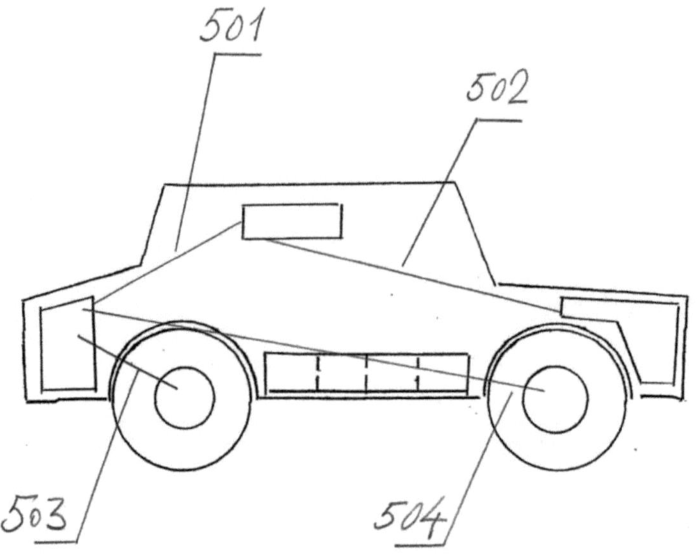

Figura 7

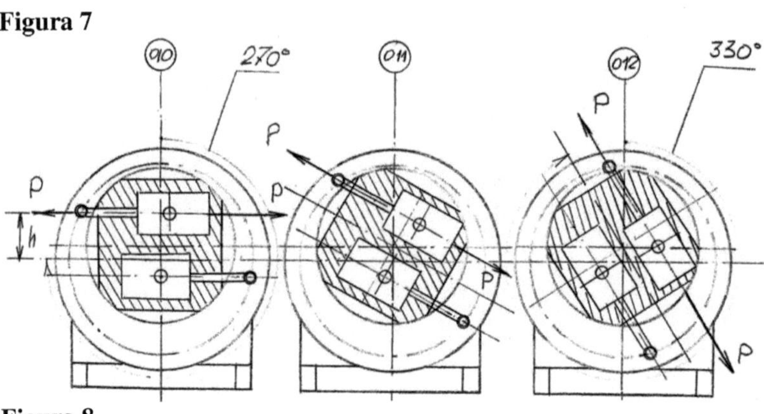

Figura 8

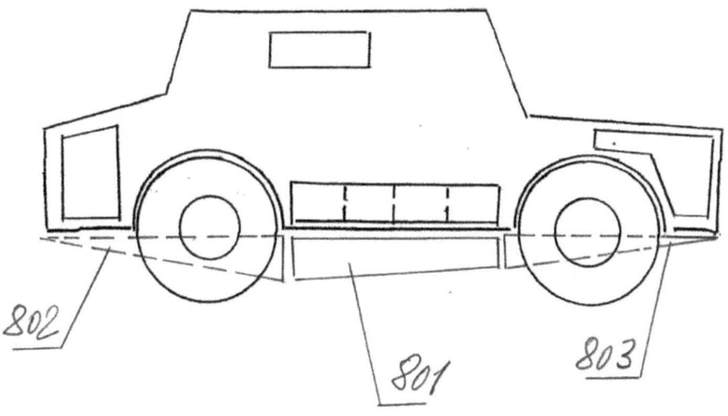

Figura 9

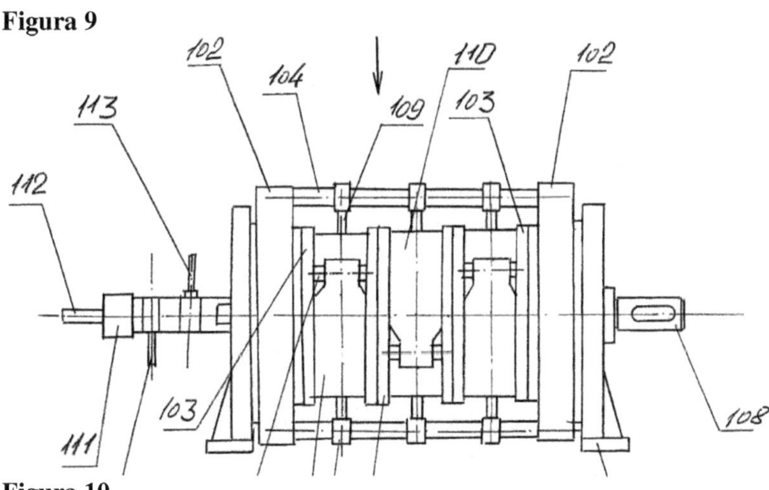

Figura 10

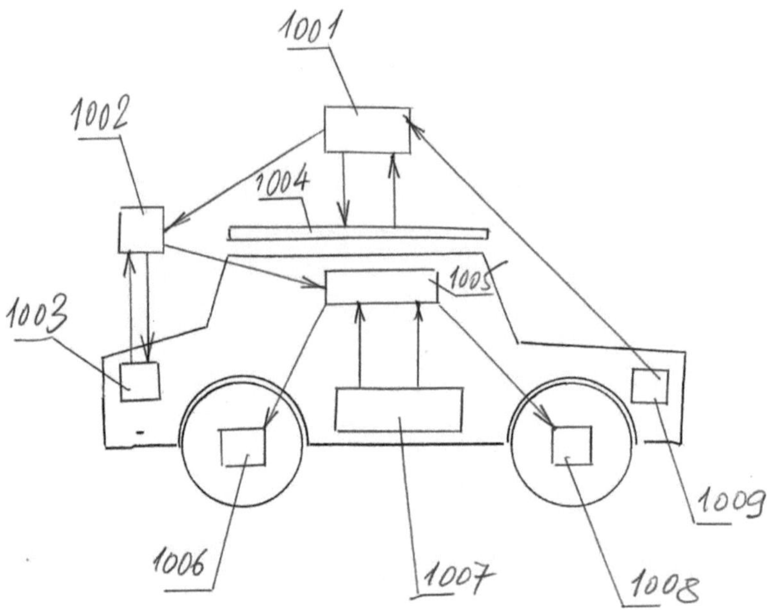

Figura 11

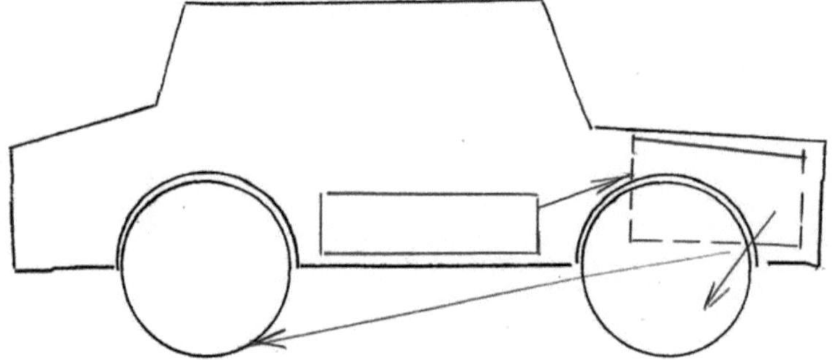

Figura 12

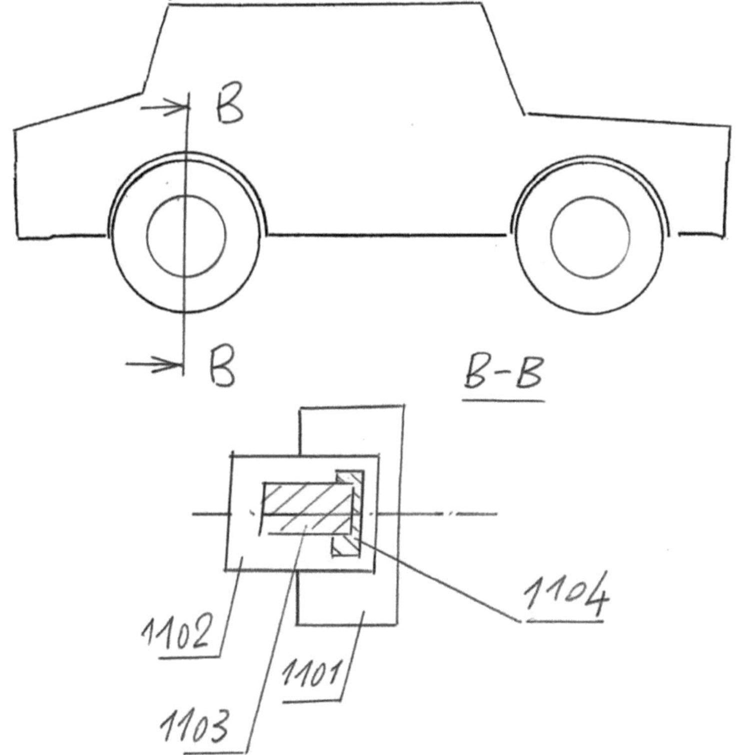

Figura 13

As figuras 3-13 mostram exemplos de desenvolvimento passo a passo de modelos para a modernização de automóveis de passageiros para uma estrutura de motor híbrido e para uma estrutura de veículo elétrico com a possível utilização de baterias eléctricas com invólucros feitos a partir dos materiais compósitos em desenvolvimento.

Os elementos de design estão dispostos de uma forma que permite processos de brainstorming.

Os desenhos incluem elementos de diagramas cinemáticos para possíveis opções de desenvolvimento e versões de motores rotativos, e com um aspeto inovador.

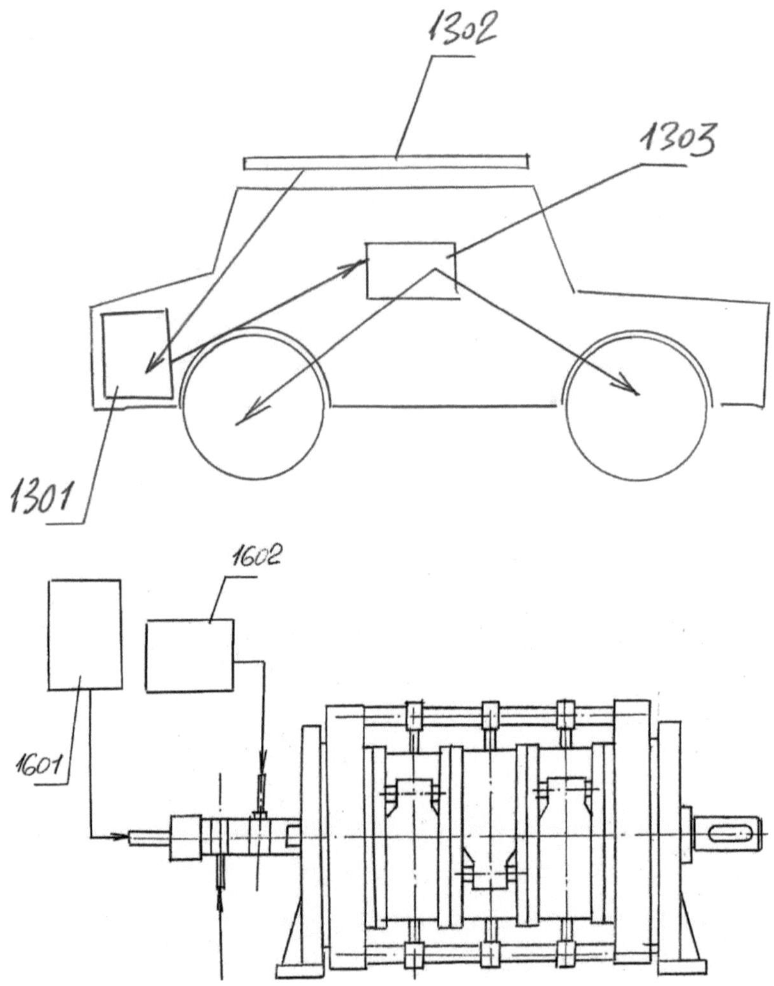

Figura 14, 15. Diagrama esquemático do motor rotativo na versão híbrida.

Figura 16, 17. A central eléctrica do moderno automóvel elétrico Porsche Taycan.

Como resultado da modelação geométrica final, é possível obter uma qualidade excecionalmente elevada da superfície da estrutura, sem processamento mecânico adicional e, se necessário, produzir nesta superfície um revestimento com uma película condutora de diamante artificial sobre a qual o componente eletrónico pode ser fixado ou soldado. O material compósito proposto, após a conclusão de todas as operações no seu fabrico, adquire a forma de uma estrutura geométrica acabada, por exemplo, prismas, que devem ser considerados como um objeto condutor, no volume do qual as esferas dieléctricas feitas de diamantes sintéticos são uniformemente distribuídas. A secção transversal de tal condutor é bastante grande e, devido à estrutura de volume desenvolvida, tal condutor tem uma baixa resistência eléctrica. Uma vez que existem inclusões de grãos de diamante (esferas) no volume da estrutura eletricamente condutora, que não são um condutor de corrente, a corrente contorna essas zonas no corpo da estrutura e passa apenas para a eletricamente condutora.

Este esquema de dissipação ou distribuição de corrente numa secção transversal relativamente grande permite reduzir drasticamente as perdas e acelerar o fluxo de corrente. No caso da necessidade de dissipar o calor, a estrutura pseudo-porosa representa os nós de uma rede específica, em cujos nós existem esferas de diamante, cuja resistência térmica é 4-5 vezes inferior à de toda a estrutura, pelo que o calor corre para os nós da rede, o que proporciona um escoamento (dissipação) muito rápido do calor a partir da sua fonte de origem. Ou seja, em ambos os casos é criado o fenómeno de distribuição tridimensional irregular de zonas com diferentes coeficientes específicos de condutividade térmica e condutividade eléctrica.

Além disso, as dimensões da cápsula à escala nanométrica e a deformação plástica final no regime de fluido frio permitem reduzir significativamente as folgas entre as cápsulas, o que melhora a eficiência da extração e dissipação do calor e dos impulsos de corrente.

O efeito de dissipação de calor calculado e previsto é 4-5 vezes superior ao das melhores soluções técnicas disponíveis.

Devido ao facto de a solução técnica proposta afetar e poder ser aplicada numa série de direcções tecnológicas em várias esferas, o principal objetivo perseguido e definido na invenção de base é aumentar o nível de eficiência do material em termos de condutividade térmica e dissipação de calor, a taxa de remoção de calor das fontes de aquecimento e a fiabilidade do processo de extração e utilização de calor durante um longo período de funcionamento do objeto, no qual o nível de pulsações de temperatura é estabilizado. Visa também aumentar o nível de eficiência do material em termos de condutividade eléctrica e dissipação de corrente, eliminação das perdas de corrente durante a passagem pela estrutura e fiabilidade do processo de passagem e dissipação de corrente durante um longo período de funcionamento.

As soluções técnicas que são aplicadas para atingir o objetivo:

- reduzir o diâmetro da cápsula ao mínimo permitido pela tecnologia da sua produção (quanto mais pequena, mais eficaz);
- calibração da forma geométrica da estrutura por deformação plástica dos invólucros das cápsulas no modo de fluido frio; isto reduz o volume de vazios nos espaços entre as cápsulas, reduz a resistência eléctrica e térmica, melhora as caraterísticas mecânicas da estrutura e elimina as tensões internas na hierarquia tridimensional da estrutura.

Com base na presença de efeitos positivos da utilização de material compósito, é possível assumir variantes de direcções de desenvolvimento e desenvolvimento das seguintes aplicações para vários campos de aplicação:

Núcleo da cápsula - cerâmica; **invólucro da cápsula** - cobre; prata; alumínio; níquel;

- tungsténio;	- cobre; prata; níquel; alumínio;
- ferro;	- alumínio; cobre;
- berílio;	- alumínio;
- magnésio;	- alumínio;
- silicone;	- cobre; prata; ouro ;
- zircónio;	- alumínio;
- diamante;	- cobre; prata; ouro;
- cital;	- cobre; prata; ouro;
- liga dura;	- Cobre; alumínio; cobalto; molibdénio

Um exemplo de aplicação de um material compósito:

Estes compósitos podem ser utilizados para fabricar a base de discos magnéticos duros para unidades de memória de computador. Estes discos, devido às suas caraterísticas técnicas, têm a capacidade de funcionar a velocidades até mais de 20.000 RPM.

Estes materiais abrem novas possibilidades:

- criação de discos híbridos;
- tecnologias de revestimento em microeletrónica;
- criação de aditivos activadores para combustíveis;
- para o fabrico de peças críticas.

Como exemplo da utilização de material compósito, podemos considerar a embalagem e o invólucro de um laser semicondutor (díodo laser), que pode depois ser utilizado em estruturas de casas inteligentes.

A título de exemplo, considere-se um díodo laser com emissão combinada e uma potência ótica de saída de 1 watt.

Deve ser aplicado um mínimo de 1 Ampere de corrente para acionar o díodo e produzir 1 watt de potência de saída.

A tensão, tendo em conta a resistência interna do próprio díodo laser e o sistema eletrónico de controlo, será de pelo menos 2 volts.

Assim, o consumo total de energia será de 2 watts, com uma potência de saída real de 1 watt. O fator de perda de potência de 50% é o mais conhecido atualmente.

Ou seja, o díodo laser menos carregado com este tipo de radiação (a secção transversal do feixe é de 300 microns x 1-3 microns) precisa de dissipar 1 watt de energia.

O invólucro padrão para este tipo de diodo é designado SOT-148 e seu diâmetro de flange de montagem é de 9 mm.

Para dissipar uma quantidade específica de calor tão elevada, é necessário um material compósito capaz de dissipar o calor resultante da conversão de 1 watt de energia em calor da hetero-estrutura do díodo laser, cujas dimensões não excedam as dimensões de um cristal semicondutor normalizado de um circuito integrado. A temperatura nominal de funcionamento na zona de localização da hetero-estrutura não pode exceder +25...+27 graus Celsius. Para transferir esta quantidade de calor, a hetero-estrutura é soldada a um suporte composto, que dissipa o calor para o corpo do díodo, que por sua vez transfere o calor resultante para o sistema de arrefecimento (arrefecedor térmico elétrico). Quanto mais eficiente for o material, mais eficiente será o desempenho do díodo laser, incluindo a estabilidade, a durabilidade e a potência de saída.

O problema é muito mais grave quando é necessário dissipar o calor de um díodo de feixe único, uma vez que neste tipo de díodo a secção transversal do feixe é um círculo com um diâmetro de 0,6 microns ou menos. Neste caso, a concentração de energia é ainda maior e a função de dissipação de calor e de dissipação torna-se ainda mais importante.

Tendo em conta o facto de que apenas para as necessidades de todos os tipos de sistemas de vídeo, sistemas de memória ótica, unidades de memória ótica para computadores pessoais e produtos semelhantes é necessário um sistema de fontes de luz laser em diferentes áreas do espetro, o número de díodos laser, apenas para estas necessidades, é de mais de 100 milhões de peças por ano, sendo o preço de um díodo laser com uma potência de 1 watt superior a 1000 dólares.

A maior parte dos díodos laser actuais têm uma potência ótica de aproximadamente 80 miliwatts, mas operam na gama vermelha do espetro, pelo que a aplicação de um novo composto eficiente é extremamente relevante não só para aplicações na casa inteligente e nas suas infra-estruturas.

Atualmente, sabe-se que os seguintes materiais compósitos são utilizados para fins semelhantes:

Cobre-tungsténio

Cobre-molibdénio

Carboneto de alumínio-silício-alumínio

Alumínio-silício

Nitreto de alumínio

Diamante sintético monocristalino

Diamante químico

Compósito diamante-cobre. Este material compósito tem a designação DMCH - Diamond-Copper Composite (Diamond Metal Composite for Heat Sink).

A resistência térmica e a condutividade térmica deste compósito são três vezes melhores do que as dos compósitos ordinais.

Os sistemas electro-ópticos modernos exigem um desempenho muito superior, 4-5 vezes melhor do que os compósitos ordinais.

Os materiais compósitos à escala nanométrica propostos para aplicações em casas e infra-estruturas de transportes inteligentes podem fornecer esses resultados.

A solução técnica proposta para utilização em infra-estruturas domésticas inteligentes tem as seguintes vantagens

- o compósito tem apenas dois componentes - esferas de diamante (grãos) e conchas de cobre;
- existe um efeito de dissipação de calor no compósito;
- existe um efeito de dissipação da corrente eléctrica no compósito;
- o compósito tem uma resistência eléctrica equivalente à do cobre;
- O compósito é formado e calibrado utilizando o efeito real de fluido frio do cobre (ou de qualquer outro metal dúctil);
- O compósito tem uma elevada resistência mecânica devido ao método de calibração para criar um estado fluido a frio;

- O compósito tem um elevado nível de condutividade eléctrica devido ao método de calibração para criar um estado de fluido frio;
- O compósito tem dimensões mais precisas devido à calibração por estiramento a frio de metal ou estado líquido de metalicidade a frio;
- O compósito tem um nível mais elevado de condutividade térmica devido ao tamanho muito pequeno das cápsulas (nanómetros) e à calibração através da criação de um estado fluido frio.

Os processos tecnológicos para a produção de pós de diamante à escala nanométrica com granulometrias praticamente iguais são absolutamente novos e ainda não foram utilizados nas empresas de todo o mundo, podendo ser realizados com base em institutos de materiais superduros.

Os processos tecnológicos para o revestimento de pós de diamante em nanoescala com cobre também são novos.

Utilizando os materiais acima referidos, é possível dar condições de funcionamento de exemplos de diferentes supersistemas com unidades de base saturadas de energia e dependentes da dissipação do calor resultante.

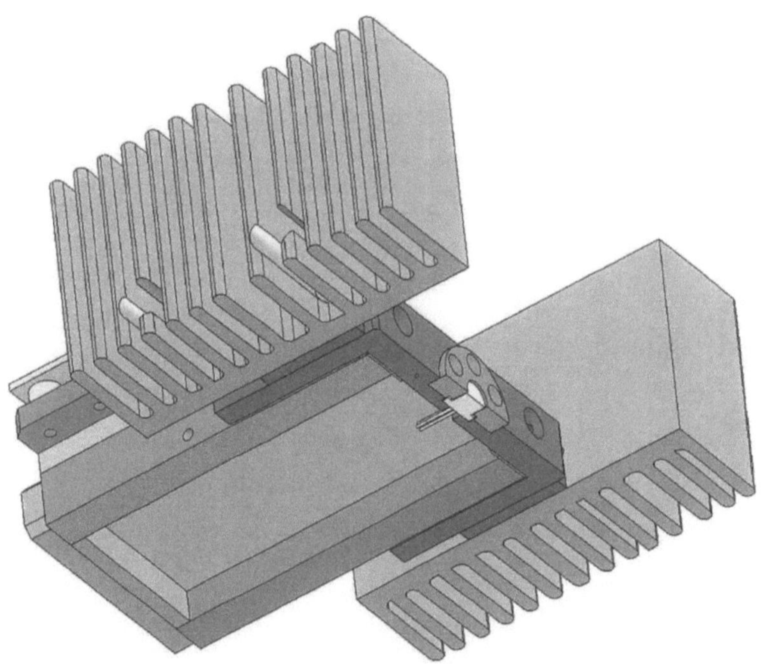

Figura 18. Caixa do módulo de díodo laser de alta potência em secção transversal, em que as paredes da caixa são feitas de material compósito que transfere o calor dissipado para os dissipadores de calor através de elementos de arrefecimento termoelétrico.

Figura 19. Componentes em execução real

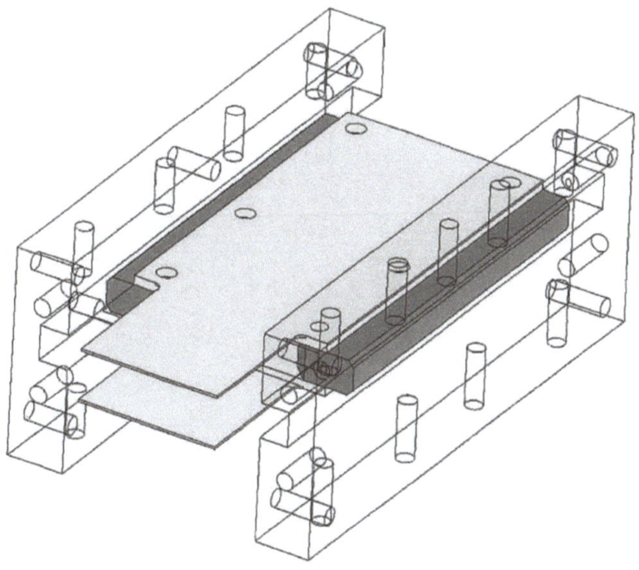

Figura 20. Modelo tridimensional do módulo de díodos laser, no qual as placas de circuitos impressos electrónicos (amarelas na figura) são fixadas numa placa (vermelha) feita de material compósito e com grandes possibilidades de dissipação de calor e de arrefecimento permanente das placas de circuitos impressos.

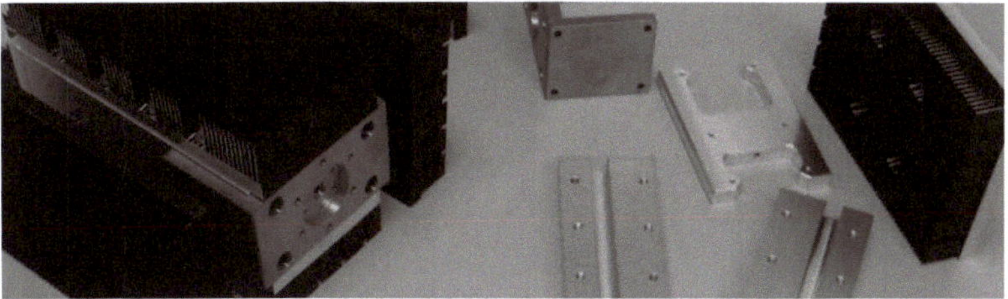

Figura 21. Os mesmos elementos no fabrico real do compósito com cápsulas de cobre e alumínio.

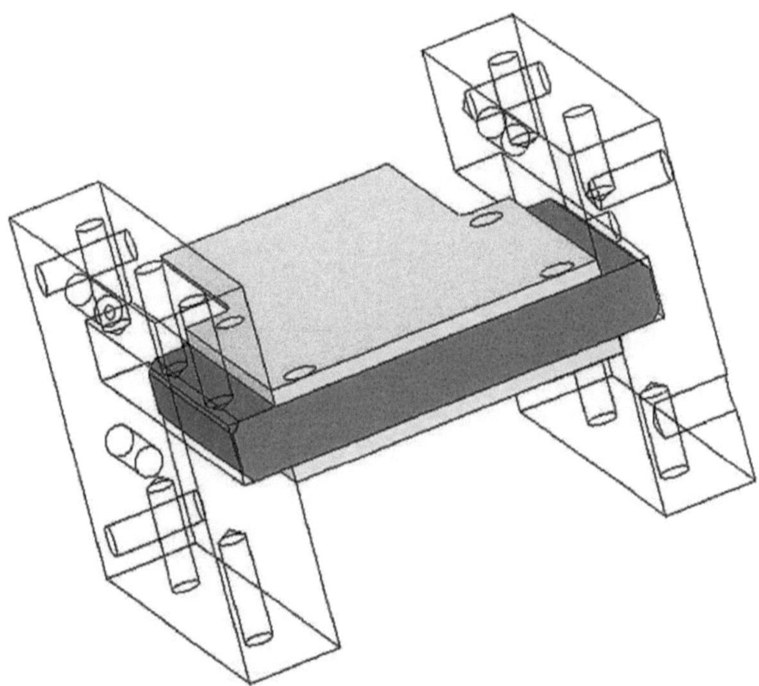

Figura 22: Modelo tridimensional de um módulo de díodo laser em que as placas de circuitos impressos electrónicos (amarelas na figura) são fixadas numa placa (vermelha) feita de material compósito e com elevada capacidade de dissipação de calor e arrefecimento permanente das placas de circuitos impressos.

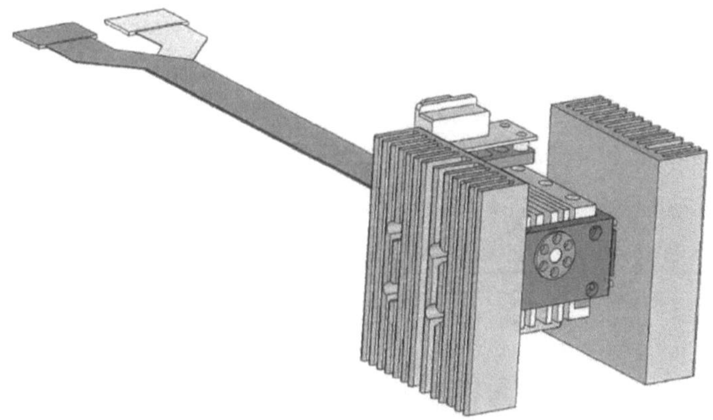

Figura 23. Módulo de díodo laser de alta potência com partes principais em material compósito

Figura 24. Instrumentos de última geração (tamanho de um telemóvel) para o controlo em linha e em tempo real dos parâmetros de emissão do díodo laser de alta potência

O aparecimento destes dispositivos permite o controlo total e a avaliação analítica dos elementos da infraestrutura doméstica inteligente que requerem um consumo significativo de energia para o seu funcionamento e controlo no âmbito da estrutura de supersistemas e subsistemas domésticos inteligentes.

Com um custo e uma simplicidade relativamente baixos, o efeito da utilização destes dispositivos é extremamente elevado e permite o controlo e a otimização dos elementos da infraestrutura da casa inteligente utilizando painéis solares e a acumulação gradual do excesso de energia solar durante o dia em componentes de armazenamento com sistemas de arrefecimento feitos de material compósito.

Figuras 25 e 26. Pormenores dos dispositivos de alojamento do módulo de díodo laser

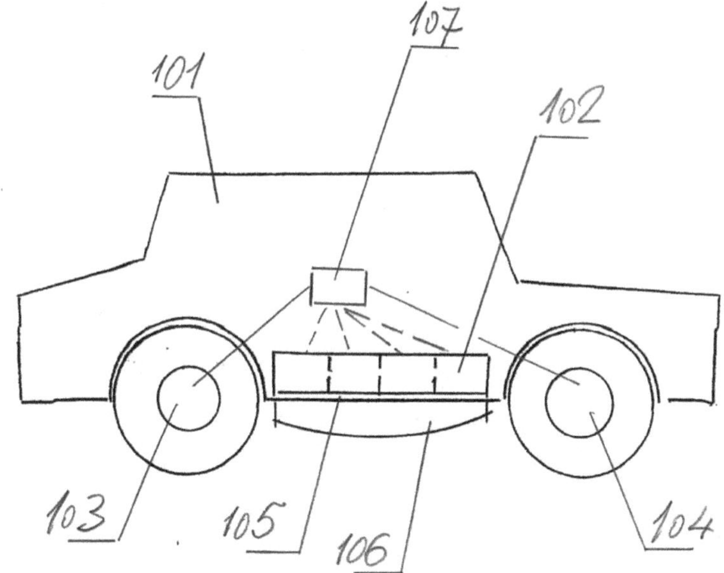

Figura 27. Baterias de um veículo elétrico que é recarregado num ambiente de casa inteligente e cujas caixas são feitas de material compósito.

Os radiadores destas baterias são igualmente concebidos para utilizar o potencial de dissipação de calor proporcionado pelo material compósito de que são feitos os elementos de contacto com o ar das caixas e deflectores das baterias.

A estrutura do material compósito sob a forma de um volume pseudo-poroso facilita significativamente a monitorização e o controlo em linha dos processos de gestão de energia com a utilização adicional de módulos sensores baseados nos princípios da espetroscopia de ressonância electromagnética.

O desenvolvimento de ligações de sistemas entre elementos de casa inteligente e de transporte inteligente utilizando a espetroscopia de ressonância electromagnética em linhas de monitorização e controlo facilita a aplicação de elementos de inteligência artificial e de redes neurais artificiais.

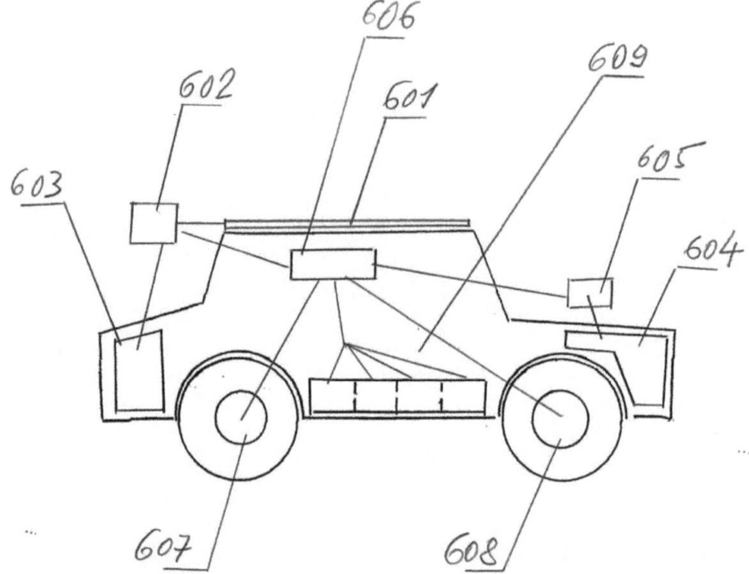

Figura 28. Desenvolvimento de sistema de elementos de fornecimento de energia a veículos eléctricos (e, no futuro, elementos de infra-estruturas domésticas inteligentes) com a inclusão de um painel solar (posição - 601) e dois processadores de controlo (posição 602 e 605) que regulam o armazenamento de energia com subsequente recarga da bateria principal (posição do grupo 609).

A presença de um sistema de arrefecimento ativo devido às propriedades do material compósito permite que a estrutura apresentada na figura reduza significativamente as perdas que ocorrem nos sistemas de baterias e acumuladores atualmente em funcionamento.

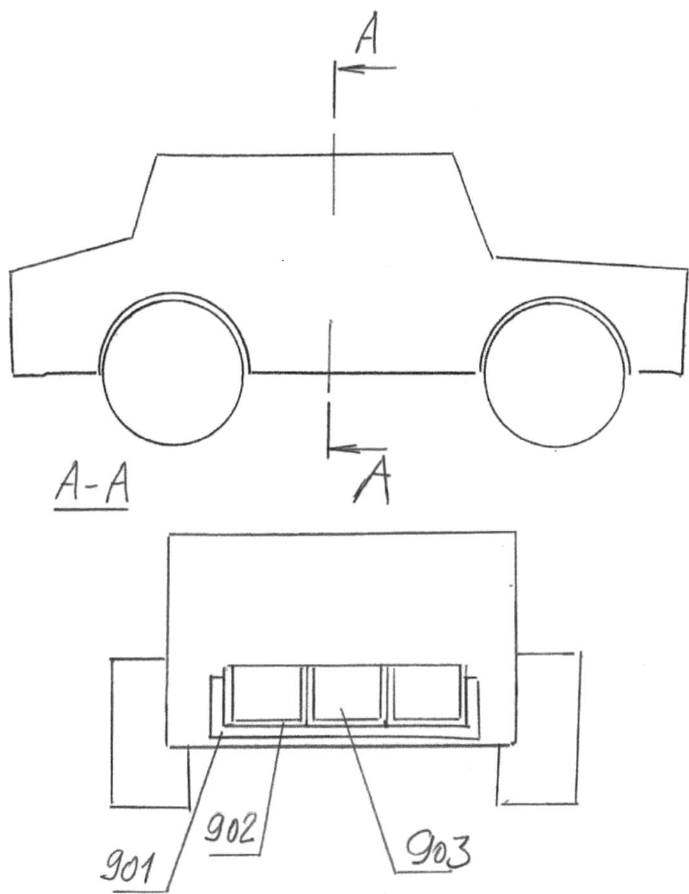

Figura 29. A possibilidade de obter uma bateria ou um sistema de baterias com 12 baterias ou mais num sistema de baterias deve-se ao facto de o material compósito dissipar com êxito o calor gerado, o que reduz drasticamente as tensões térmicas e destrutivas nas baterias (item 903) e nas suas peças de alojamento (itens 901 e 902).

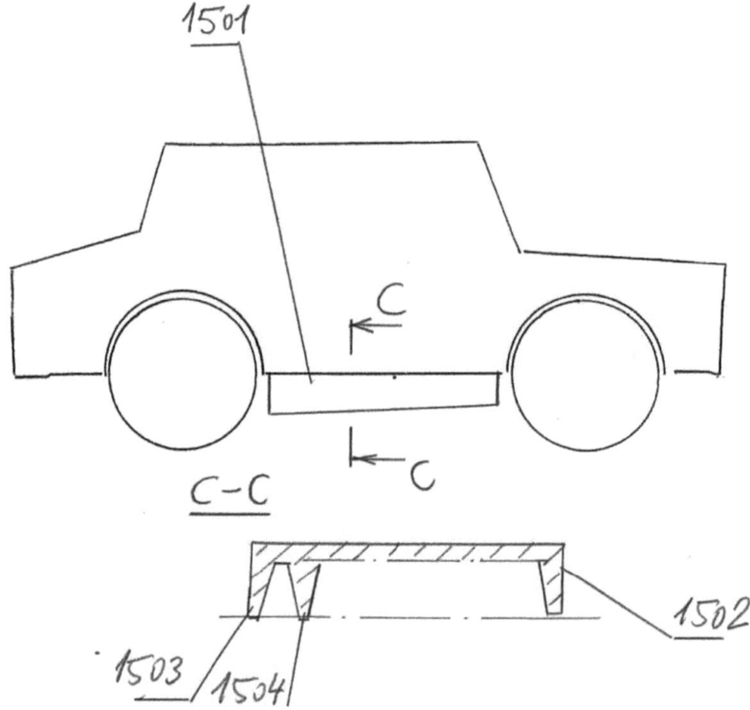

Figura 30. A disposição do sistema mostrada na figura permite que os radiadores mais eficientes (item 1501) sejam utilizados com os perfis de dentes de radiador mais viáveis (itens 1503 e 1504).

Conceitos semelhantes são aplicáveis com o mesmo efeito em sistemas domésticos e de transportes inteligentes e nos seus elementos de infraestrutura.

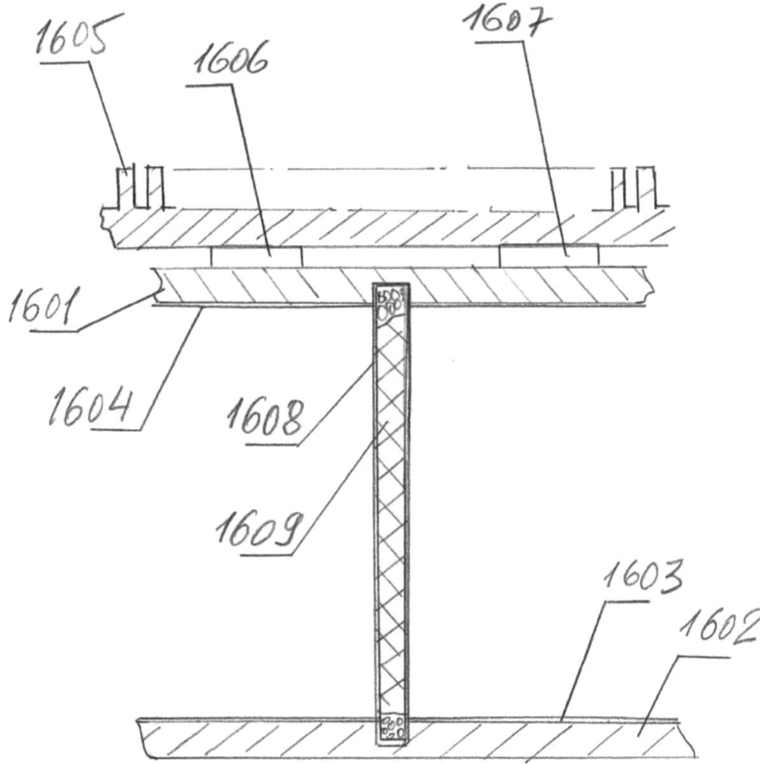

Figura 31. Estrutura da caixa da bateria (1601) com ligações compósitas (1608 e 1609) que transferem calor através de refrigeradores termoeléctricos (1606 e 1607) para o dissipador de calor (1605).

O sistema é tão simplificado quanto possível e a taxa de dissipação de calor é significativamente mais elevada do que nos sistemas adoptados atualmente.

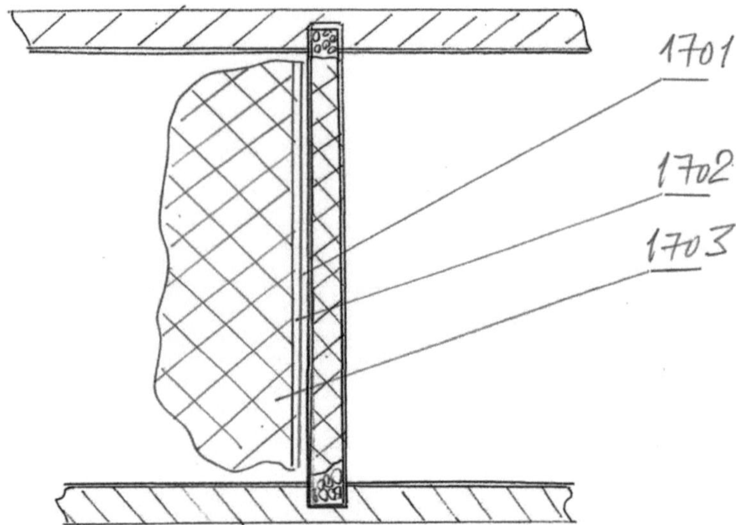

Figura 32. Mais explicações sobre o sistema de relações entre os elementos estruturais das pilhas e acumuladores que utilizam o material compósito proposto e as suas propriedades de dissipação de calor.

Além disso, as baterias mostram a possibilidade de utilizar também compostos de carbono como eléctrodos sob a forma de lã de carbono (1703) num invólucro de tecido de carbono (1701 e 1702).

Como este tipo de material compósito é condutor de corrente eléctrica, o formato elástico dos eléctrodos permite o máximo contacto e, por isso, com um elevado coeficiente de dissipação de calor, a elasticidade dos eléctrodos e das suas bainhas garante o máximo desempenho do sistema no seu conjunto.

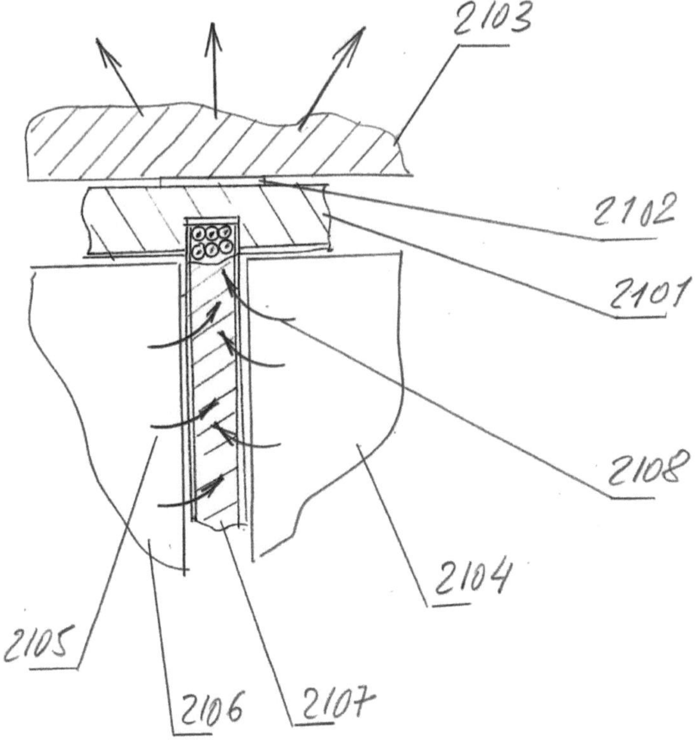

Figura 33. Trajectórias de dissipação de calor Transferência de calor dos eléctrodos elásticos (2106 e 2104) para a divisória composta (2107), transferindo-o para a parede da caixa do módulo (2101), que por sua vez, através do arrefecedor termoelétrico (2102), transfere calor para o radiador (2103).

Este esquema é muito fácil de controlar e proporciona um elevado nível de eficiência.

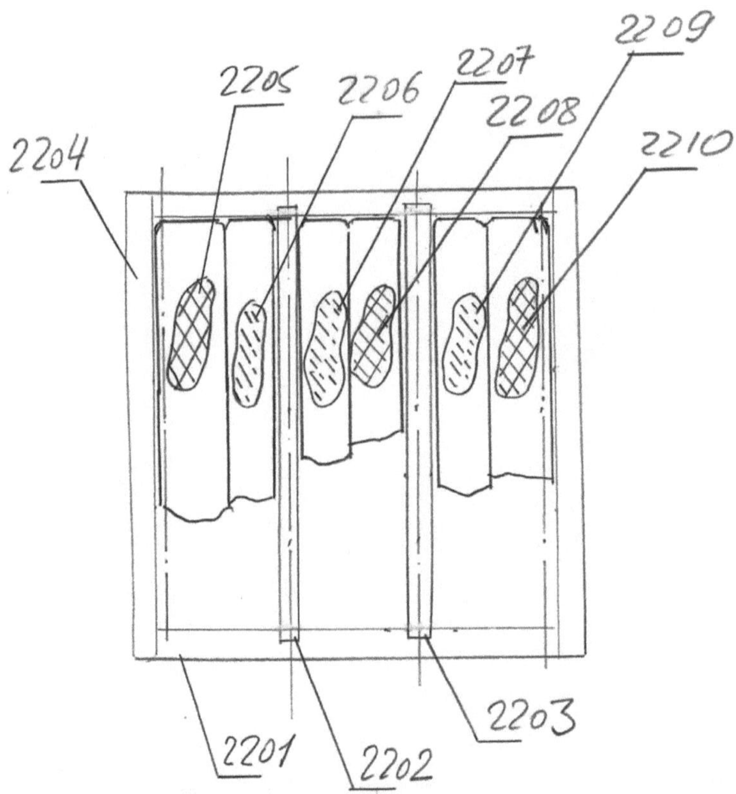

Figura 34. Diagrama esquemático da formação de uma pilha ou acumulador com eléctrodos feitos de lã de compósito de carbono (2206, 2207, 2209) com invólucros de tecido de compósito de carbono (2205, 2208, 2210), em que o corpo da pilha ou acumulador é feito do material compósito proposto (2204, 2201, 2202, 2203).

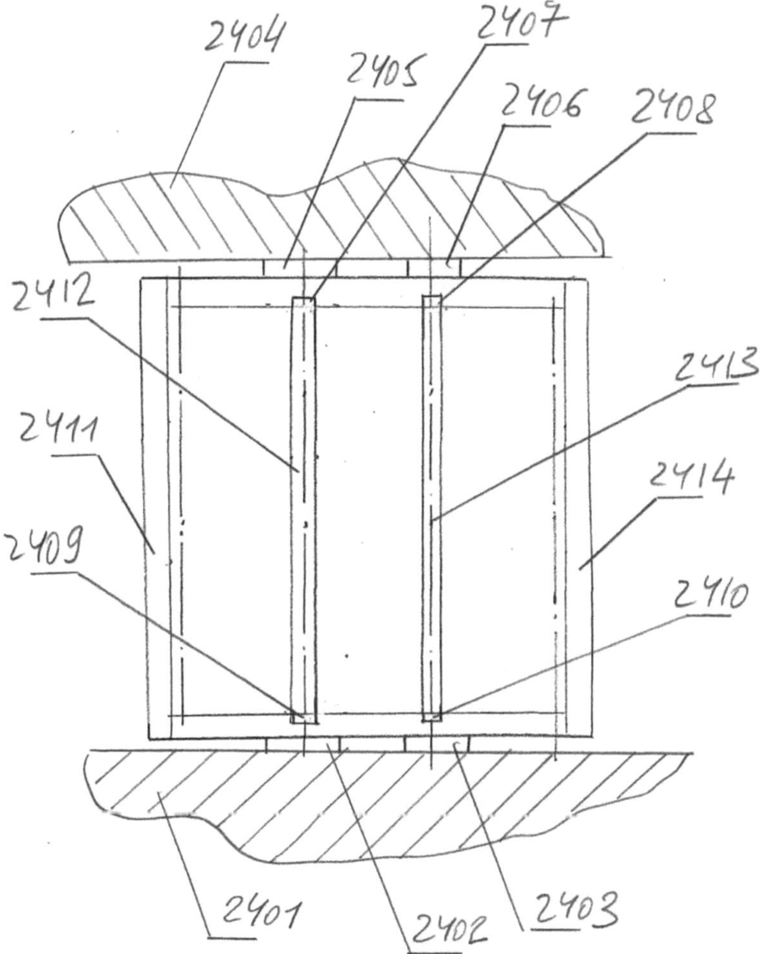

Figura 35. Diagrama esquemático de uma bateria ou acumulador com eléctrodos convencionais num invólucro feito do material compósito proposto (peças 2409, 2410, 2411, 2412, 2413, 2414), com contacto com os elementos estruturais circundantes por meio de refrigeradores termoeléctricos (2405, 2406, 2402, 2403).

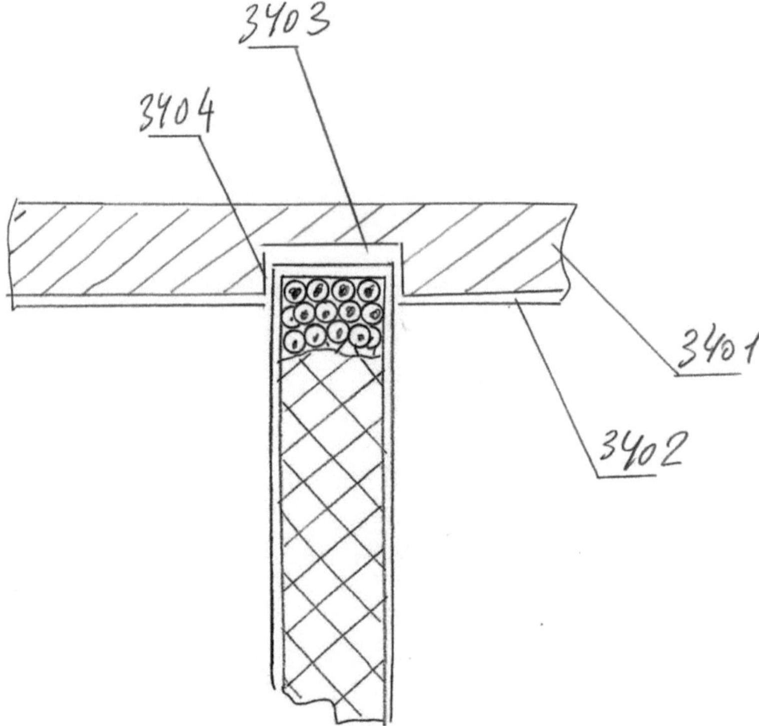

Figura 36. Natureza da interação entre elementos estruturais de baterias ou caixas de baterias com elementos estruturais feitos do material compósito proposto.

Os materiais compósitos podem ser representados como:

- impulsos condutores e dissipadores de corrente eléctrica;

- condutor de calor e dissipador de calor;

- condutor e dissipador de calor;

- pulsos de corrente eléctrica condutores e dissipadores de calor.

Compostos compostos de cápsulas baseados em microcomponentes sob a forma de cápsulas esféricas multicamadas com um fator de dimensão na gama métrica nanométrica.

O material compósito para cápsulas proposto é uma estrutura pseudo-esponjosa compósita tridimensional que inclui uma pluralidade de componentes interligados, multicamadas, com uma forma geométrica equivalente (idêntica) e cada um com pelo menos duas camadas.

A estrutura consiste numa pluralidade de componentes em contacto entre si e que formam uma forma geométrica tridimensional completa, na qual os referidos componentes estão uniformemente e equivalentemente distribuídos pelo volume e têm e formam, em todos os pontos da forma geométrica tridimensional completa formada, condições iguais de interação eléctrica e térmica entre si, estando as camadas do mesmo tipo de todos os componentes separadas umas das outras pelas camadas do mesmo tipo dos mesmos componentes.

A estrutura tridimensional do material compósito é caracterizada pelo facto de cada camada de cada componente ser uma figura geométrica tridimensional fechada.

A estrutura tridimensional do material compósito, caracterizada pelo facto de cada camada sucessiva em cada componente cobrir toda a superfície da camada anterior em cada componente.

Assim, estruturalmente, a invenção proposta pode ser representada como uma hierarquia integrativa que consiste em caraterísticas físicas, construtivas e tecnológicas distintivas inter-relacionadas, com base nas quais são formadas as propriedades finais do material compósito.

O material tem propriedades condutoras térmicas e condutoras eléctricas ao mesmo tempo. O material tem a capacidade de amortecimento para dissipar no seu volume os impulsos térmicos e as pulsações de corrente eléctrica associadas.

O material é capaz de alterar fundamentalmente as condições de funcionamento e as caraterísticas de desempenho dos dispositivos electrónicos ricos em energia; permite criar uma nova geração de dispositivos electrónicos muito menos dependentes das caraterísticas térmicas. Isto é especialmente importante para a tecnologia de impulsos de alta potência, que tem uma potência no pico do impulso superior à potência nominal do dispositivo.

Caraterísticas distintivas do material compósito

Versão final das caraterísticas distintivas de um material compósito para utilização como material estrutural em elementos de infra-estruturas, subsistemas e supersistemas de uma casa inteligente:

Um material compósito formado por uma pluralidade de cápsulas tridimensionais multicamadas, cada uma compreendendo pelo menos duas camadas, e ligadas entre si ao longo das superfícies exteriores das suas camadas exteriores plasticamente deformadas;

O material compósito de acordo com a reivindicação 1, caracterizado pelo facto de compreender uma pluralidade de cápsulas tridimensionais multicamadas, cada uma compreendendo um núcleo de forma esférica e pelo menos um invólucro que repete na sua superfície interna a forma geométrica do núcleo;

O material compósito de acordo com a reivindicação 1, caracterizado pelo facto de serem utilizados materiais estruturais diferentes para o núcleo e para os invólucros;

O material compósito de acordo com a reivindicação 1, caracterizado pelo facto de os materiais estruturais do núcleo e do invólucro diferirem em propriedades físicas e químicas;

O material compósito de acordo com a reivindicação 1, caracterizado pelo facto de os materiais estruturais do núcleo e do invólucro diferirem em termos de propriedades mecânicas;

O material compósito de acordo com a reivindicação 1, caracterizado pelo facto de os materiais estruturais do núcleo e do invólucro diferirem em dureza;

O material compósito de acordo com a reivindicação 1, caracterizado pelo facto de os materiais estruturais do núcleo e do invólucro diferirem em ductilidade;

O material compósito de acordo com a reivindicação 1, caracterizado pelo facto de os materiais estruturais do núcleo e do invólucro diferirem em termos de condutividade eléctrica;
O material compósito de acordo com a reivindicação 1, caracterizado pelo facto de os materiais estruturais do núcleo e do invólucro diferirem em termos de condutividade térmica;
O material compósito de acordo com a reivindicação 1, caracterizado pelo facto de a dureza do material estrutural do núcleo ser superior à dureza do material estrutural da casca;
O material compósito de acordo com a reivindicação 1, caracterizado pelo facto de os materiais estruturais do núcleo e do invólucro diferirem em termos de condutividade térmica, sendo a condutividade térmica do material estrutural do núcleo pelo menos 2 vezes superior à condutividade térmica do material estrutural do invólucro;
O material compósito de acordo com a reivindicação 1, caracterizado pelo facto de a dureza do material estrutural do núcleo ser superior à dureza do material estrutural do invólucro, sendo os invólucros geralmente feitos de metal dúctil;
O material compósito de acordo com a reivindicação 1, caracterizado pelo facto de a dureza do material estrutural do núcleo ser superior à dureza do material estrutural da casca, sendo as cascas geralmente feitas de um metal dúctil e o núcleo de um material dielétrico não metálico;
O material compósito de acordo com a reivindicação 1, caracterizado pelo facto de, quando o número de camadas é superior a um, a dureza do material estrutural de cada camada anterior ser superior à da camada seguinte;
O material compósito de acordo com a reivindicação 1, caracterizado pelo facto de, quando o número de camadas é superior a um, a dureza do material estrutural de cada camada anterior ser superior à da camada seguinte e a ductilidade do material estrutural de cada camada seguinte ser superior à da

camada anterior;

O material compósito de acordo com a reivindicação 1, caracterizado pelo facto de o diamante ser utilizado como material estrutural do núcleo;

O material compósito de acordo com a reivindicação 1, caracterizado pelo facto de o cobre ser utilizado como material estrutural do invólucro da unidade.

Central autónoma de produção de energia

Para uma casa ou um transporte inteligente, é necessária uma fonte de energia de reserva independente, fiável, barata e fácil de gerir.

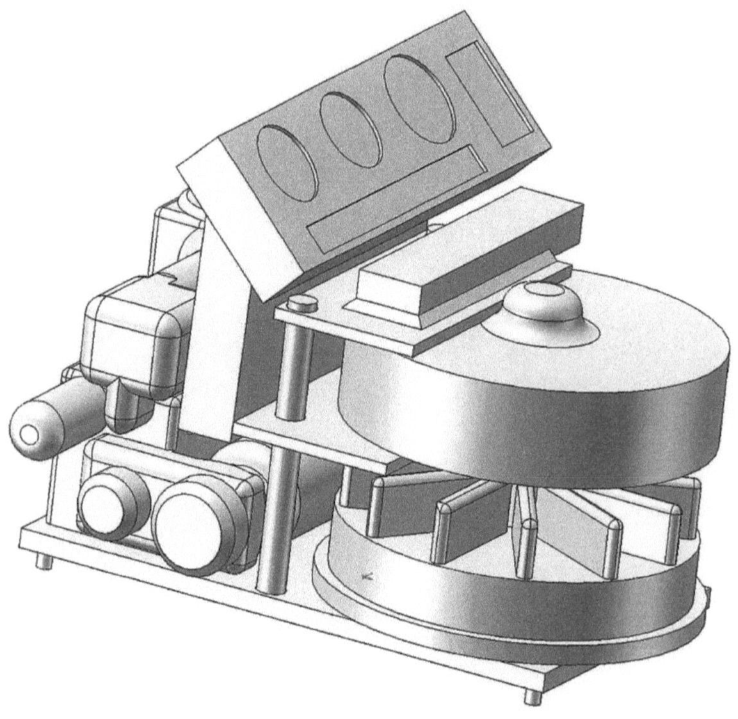

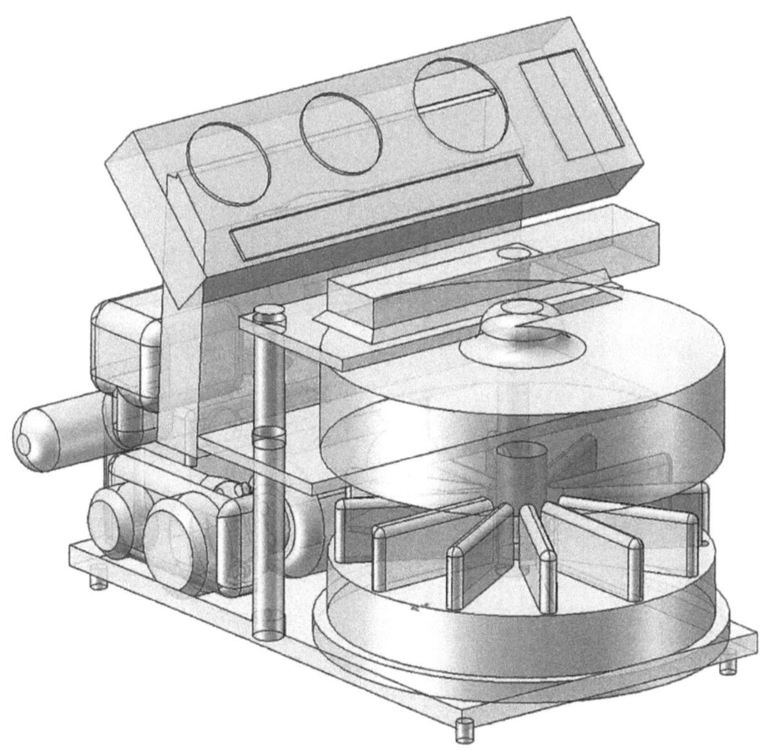

Figuras 37 e 38. Unidade autónoma geradora de energia de tipo modular para instalação em casas inteligentes ou infra estruturas de transporte inteligentes como fonte de energia de reserva.

A fábrica foi construída com base em soluções técnicas integradas que visam a poupança de combustível fóssil nos motores de combustão interna, a conversão altamente eficiente de tipos de energia com um binário de saída crescente e a utilização de tecnologia plana na conceção de geradores eléctricos de baixa velocidade.

A central proposta baseia-se no princípio da conversão de tipos de energia em fases sucessivas, com o reforço gradual das caraterísticas de potência equivalente à saída de cada fase de conversão.

A primeira etapa de conversão é a conversão da energia de combustão do combustível fóssil em energia mecânica de rotação do veio de saída do motor de combustão interna utilizado como conversor de energia na primeira etapa. O ganho de energia consiste na utilização de um composto de combustível que inclui uma mistura hidrodinâmica e uma espuma aerodinâmica de etanol e água, numa proporção de 70% de etanol e 30% de água sintética derivada do ar com impurezas de vapor de etanol ou de outro álcool ou condensado de gás. Pode também ser utilizada água profundamente purificada;

A segunda fase de conversão é a conversão da energia mecânica de rotação do veio de saída do motor de combustão interna em energia eléctrica com determinados parâmetros;

A terceira fase da conversão é a geração de impulsos de corrente eléctrica com determinados parâmetros;

A quarta etapa de conversão mais importante é a conversão dos impulsos de corrente em binário no eixo de saída do conversor amplificador de binário. O efeito de amplificação é conseguido devido a dois factores: o primeiro fator é cinemático, e consiste na utilização de um rotor conversor de movimento linear em movimento rotativo, que elimina os pontos mortos e as perdas de energia associadas à sua superação. O segundo fator é eletromagnético e consiste na utilização de electroímanes blindados com uma conceção especial do núcleo magnético e uma conceção especial do solenoide, com vantagens construtivas adicionais da combinação do núcleo e da conceção plana da bobina do solenoide;

A quinta etapa da conversão consiste em aplicar um binário ao veio do gerador planar de baixa velocidade e gerar eletricidade, que é o produto final da instalação;

Todas estas vantagens determinam a eficiência dos electroímanes que pertencem à categoria dos chamados ímanes quentes ou frios e que têm uma força de tração ou de empurrão que é uma ordem de grandeza superior ao consumo de energia equivalente para a sua geração. A utilização de um gerador plano de baixa velocidade permite utilizar as vantagens das caraterísticas de potência dos electroímanes no seu modo de funcionamento mais eficiente, uma vez que quanto mais baixa for a frequência de funcionamento do eletroíman, maior será a duração do ciclo de trabalho do eletroíman e mais tempo será utilizado para restaurar as propriedades magnéticas do núcleo magnético combinado.

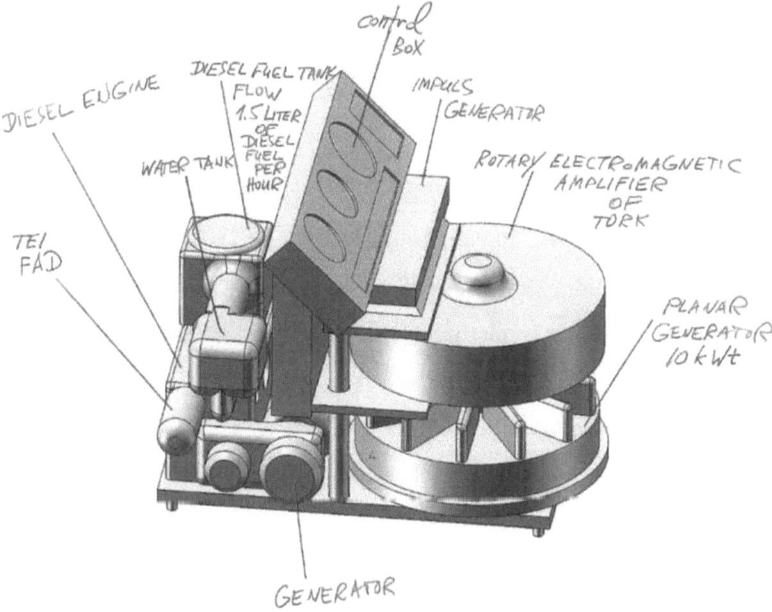

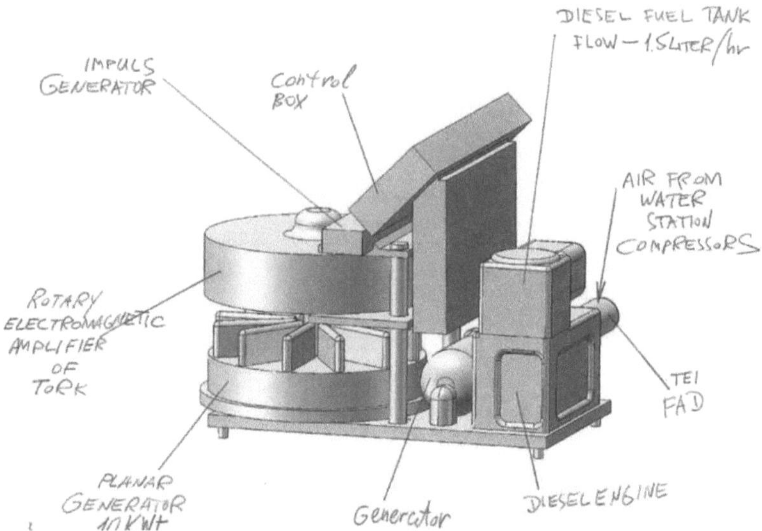

Figuras 39 e 40. Unidade autónoma geradora de energia de tipo modular para instalação em casa inteligente ou em infra-estruturas de transporte inteligentes como fonte de energia de reserva, com descrição dos componentes da composição.

Todas as principais soluções técnicas subjacentes à instalação proposta apresentam uma novidade substancial e são invenções. Estas incluem:

- utilização como mistura combustível de um motor de combustão interna - uma mistura de uma base orgânica com uma base inorgânica;
- aplicação de activadores hidrodinâmicos que funcionam segundo o princípio de Bernoulli para a mistura dos componentes orgânicos e inorgânicos da mistura combustível, efectuada num fluxo em constante movimento do componente orgânico;
- aplicação de activadores aerodinâmicos que funcionam segundo o princípio de Bernoulli para a formação de espuma de mistura combustível composta, realizada num fluxo de mistura combustível em constante movimento.

Assim, a utilização dos mais recentes materiais compósitos e instalações de fontes de energia de reserva conduz a um aumento da eficiência derivada e da potência. Ao mesmo tempo, consegue-se uma redução das temperaturas no interior dos mecanismos técnicos e no ambiente exterior. Consegue-se também uma redução do tamanho das unidades de energia e uma utilização mais racional do espaço nas salas de servidores da casa inteligente e nos compartimentos dos motores dos veículos inteligentes.

Novo design da bateria de iões de lítio

Para formar uma solução técnica abrangente para a conceção e o ciclo de funcionamento das baterias de iões de lítio, a fim de construir o conceito desta inovação no livro, os fabricantes de automóveis dispõem atualmente das seguintes inovações

- tecnologia e conceção de eléctrodos volumetricamente porosos feitos de lã de carbono (compósito);
- Tecnologia de revestimentos electroquímicos de alta velocidade de lítio em lã de carbono (compósito);
- tecnologia de formação de coberturas e contactos condutores e permeáveis à água a partir de tecido (compósito) de carbono para eléctrodos de baterias;
- tecnologia e conceção para a formação de painéis compósitos de diamante e cobre (materiais pseudoporosos dissipadores de corrente eléctrica e dissipadores de calor);
- tecnologia de utilização de membranas neutras de tecido de polipropileno em células electroquímicas.

Ao aplicar as tecnologias acima referidas, a bateria obtém as seguintes vantagens em relação às baterias conhecidas do mesmo tipo:

- aumento dramático da eficiência devido ao aumento da área de contacto dos eléctrodos com o eletrólito (mais de 1000 vezes);
- redução significativa da temperatura no volume de trabalho da bateria;
- Aumentar a duração da bateria ativa;
- absoluta compatibilidade ambiental da eliminação das pilhas;
- reduzindo a quantidade de lítio para os eléctrodos da bateria;
- reduzindo o custo de produção das células de bateria;
- Aumentar o rendimento energético do funcionamento da bateria;
- aumentar a capacidade eléctrica da bateria;
- aumentando o nível de segurança no funcionamento da bateria.

Lista das referências utilizadas, informações sobre patentes e licenças:

APÊNDICE 1-1

Pedido de patente dos Estados Unidos	**20210104744**
Tipo de código	**A1**
OGUNI; Teppei; et al.	**8 de abril de 2021**

BATERIA SECUNDÁRIA E RESPECTIVO MÉTODO DE FABRICO

Resumo

É fornecida uma camada para evitar um curto-circuito entre um elétrodo positivo e um elétrodo negativo numa ***bateria*** sólida, utilizando uma camada que contém um eletrólito sólido. Como eletrólito sólido entre o elétrodo positivo e o elétrodo negativo, é utilizada uma camada que contém um composto de grafeno. Os iões de lítio podem passar através da camada que contém o composto de grafeno. Os iões de lítio são previamente adicionados à camada que contém o composto de grafeno. Especificamente, é utilizado um modificador e um composto de grafeno quimicamente modificado com um grupo funcional, como éter e éster, com uma distância entre camadas aumentada.

APÊNDICE 1-2

Pedido de patente dos Estados Unidos **20210104719**

Tipo de código **A1**

OIKAWA; Makiko **8 de abril de 2021**

ELÉCTRODO DE BATERIA E MÉTODO DE FABRICO DO MESMO

Resumo

É apresentado um método de fabrico de um elétrodo ***de bateria***. O método inclui: formar um precursor do elétrodo ***de bateria*** incluindo uma área de revestimento de dupla face na qual ambos os lados de um coletor de corrente são revestidos com uma camada de material de elétrodo e uma área de revestimento de face única adjacente à área de revestimento de dupla face; submeter o coletor de corrente localizado numa porção limite entre a área de revestimento de dupla face e a área de revestimento de face única a um tratamento térmico local; e pressurizar o precursor do elétrodo ***de bateria***. A área de revestimento de uma só face inclui um lado principal do coletor de corrente que é revestido com a camada de material do elétrodo.

APÊNDICE 1-3

Pedido de patente dos Estados Unidos **20210100579**

Tipo de código **A1**

Shelton, IV; Frederick E.; et al. **8 de abril de 2021**

INSTRUMENTOS CIRÚRGICOS PORTÁTEIS MODULARES ALIMENTADOS POR BATERIA E RESPECTIVOS MÉTODOS

Resumo

É apresentado um método de controlo de um instrumento cirúrgico portátil modular alimentado ***por bateria***. O instrumento cirúrgico inclui uma ***bateria,*** um sensor de entrada do utilizador, um controlador, um circuito de acionamento de radiofrequência (RF), um transdutor ultrassónico, um circuito de acionamento do transdutor ultrassónico e uma extremidade. A pinça inclui um elétrodo acoplado eletricamente ao circuito de acionamento de RF, uma lâmina ultra-sónica acoplada acusticamente ao transdutor ultrassónico e um sensor para medir os parâmetros do tecido. O método inclui a aplicação de um sinal de acionamento de corrente de RF ao elétrodo pelo circuito de acionamento de RF; a aplicação de um sinal de acionamento ultrassónico ao transdutor ultrassónico pelo circuito de acionamento do transdutor ultrassónico para excitar acusticamente a lâmina ultra-sónica; o controlo da intensidade, forma de onda e/ou frequência do sinal de acionamento de corrente de RF e do sinal de acionamento ultrassónico numa medida detectada de um tecido ou parâmetro do utilizador.

APÊNDICE 1-4

Pedido de patente dos Estados Unidos **20210091416**

Tipo de código **A1**

SEKI; Hayato; et al. **25 de março de 2021**

BATERIA SECUNDÁRIA, CONJUNTO DE BATERIAS, VEÍCULO E FONTE DE ALIMENTAÇÃO ESTACIONÁRIA

Resumo

Uma ***pilha*** secundária inclui um elétrodo positivo, um primeiro eletrólito aquoso mantido no elétrodo positivo, um elétrodo negativo, um segundo eletrólito aquoso mantido no elétrodo negativo, e um separador interposto entre o elétrodo positivo e o elétrodo negativo. A diferença entre a pressão osmótica (N/m.sup.2) do primeiro eletrólito aquoso e a pressão osmótica (N/m.sup.2) do segundo eletrólito aquoso é igual ou inferior a 90% (incluindo 0%) da pressão osmótica mais elevada do primeiro eletrólito aquoso e da pressão osmótica do segundo eletrólito aquoso.

APÊNDICE 1-5

Pedido de patente dos Estados Unidos **20210091402**

Tipo de código **A1**

Londarenko; Yuriy Y. **25 de março de 2021**

CONFIGURAÇÕES DE PILHAS MULTICAMADAS

Resumo

As células ***de bateria*** recarregável de acordo com as modalidades da presente tecnologia podem incluir um ***invólucro*** que inclui um primeiro segmento condutor operável no potencial do ânodo e um segundo segmento condutor operável no potencial do cátodo. O ***invólucro*** pode incluir uma junta posicionada entre o primeiro segmento condutor e o segundo segmento condutor e configurada para selar hermeticamente o ***invólucro***. As células ***da bateria*** podem também incluir uma pilha de eléctrodos. A pilha de eléctrodos pode incluir um coletor de corrente catódica com um material ativo catódico que se estende ao longo de uma primeira superfície do coletor de corrente catódica. O coletor de corrente catódica pode ser caracterizado por, pelo menos, duas pregas. A pilha de eléctrodos pode também incluir um coletor de corrente anódica com um material ativo anódico que se estende através de uma primeira superfície do coletor de corrente anódica. O coletor de corrente do ânodo pode ser caracterizado por, pelo menos, duas pregas.

APÊNDICE 1-6

Pedido de patente dos Estados Unidos **20210091363**

Tipo de código **A1**

Lane; Robert Clinton **25 de março de 2021**

Sistema de fusíveis de células paralelas para módulos de baterias de alta tensão

Resumo

É fornecido um sistema de fusão para um bloco de ***bateria*** de iões de lítio ***num*** módulo ***de bateria*** em que o sistema de fusão tem uma combinação de fusíveis de baixa tensão e um fusível de alta tensão. O fusível de baixa tensão pode ter um ou mais elementos de fusão numa configuração em espiral elástica ou numa configuração reta com o elemento de fusão encapsulado.

APÊNDICE 1-7

Pedido de patente dos Estados Unidos **20210091360**

Tipo de código **A1**

Balaram; Haran; et al. **25 de março de 2021**

BATERIA COM MÓDULO DE SISTEMA LIGADO

Resumo

Os sistemas ***de bateria*** de acordo com as modalidades da presente tecnologia podem incluir uma ***bateria***. A ***bateria*** pode incluir um primeiro terminal de elétrodo e um segundo terminal de elétrodo acessível ao longo de uma primeira superfície da ***bateria***. Os sistemas podem incluir um módulo acoplado eletricamente à ***bateria***. O módulo pode incluir uma placa de circuito caracterizada por uma primeira superfície e uma segunda superfície oposta à primeira superfície. O módulo pode incluir um molde que se estende da primeira superfície da placa de circuito em direção à ***bateria***. O módulo pode incluir uma primeira patilha condutora que liga eletricamente o módulo ao primeiro terminal do elétrodo. O módulo pode incluir uma segunda patilha condutora que liga eletricamente o módulo ao segundo terminal do elétrodo. A segunda patilha condutora pode estender-se através do molde de forma substancialmente paralela à primeira superfície da placa de circuitos.

APÊNDICE 1-8

Pedido de patente dos Estados Unidos	**20210075063**
Tipo de código	**A1**
Dou; Shushi; et al.	**11 de março de 2021**

BATERIA DE IÕES DE LÍTIO E APARELHO

Resumo

Esta aplicação fornece uma ***bateria*** de iões de lítio e um aparelho. A ***bateria*** de iões de lítio inclui um conjunto de eléctrodos e um eletrólito. O conjunto do elétrodo inclui uma placa de elétrodo positivo, uma placa de elétrodo negativo e um separador. Um material ativo positivo da placa do elétrodo positivo inclui Li.sub.x1Co.sub.y1M.sub.1- y1O.sub.2-z1Q.sub.z1, em que 0,5.ltoreq.x1.ltoreq.1.2, 0,8.ltoreq.y1.ltoreq.1.0, 0.ltoreq.z1.ltoreq.0.1, M é selecionado a partir de um ou mais dos seguintes elementos: Al, Ti, Zr, Y e Mg, e Q é selecionado a partir de um ou mais dos seguintes elementos: F,

Cl e S. O eletrólito contém um aditivo A, um aditivo B e um aditivo C. O aditivo A é um composto polinitrilo nitro-heterocíclico de seis membros com um potencial de oxidação relativamente baixo. O aditivo B é um composto de fosfito de sililo ou um composto de fosfato de sililo ou uma mistura destes. O aditivo C é um composto de carbonato cíclico substituído por halogéneo.

APÊNDICE 1-9

Pedido de patente dos Estados Unidos **20210075060**

Tipo de código **A1**

NAKAYAMA; Tetsuri **11 de março de 2021**

PILHA SECUNDÁRIA DE ELECTRÓLITO NÃO AQUOSO

Resumo

Uma ***bateria*** secundária de eletrólito não aquoso aqui divulgada inclui um elétrodo positivo, um elétrodo negativo e um eletrólito não aquoso. O elétrodo positivo inclui um coletor de corrente de elétrodo positivo e uma camada de material ativo de elétrodo positivo fornecida no coletor de corrente de elétrodo positivo. O eletrólito não aquoso contém fluorosulfonato de lítio. A camada de material ativo do elétrodo positivo contém um material ativo do elétrodo positivo. A camada de material ativo do elétrodo positivo contém alumina hidratada, pelo menos numa porção da camada superficial.

APÊNDICE 1-10

Pedido de patente dos Estados Unidos **20210075015**

Tipo de código **A1**

LEE; Jungmin; et al. **11 de março de 2021**

ÂNODO DE BATERIA SECUNDÁRIA DE LÍTIO E BATERIA SECUNDÁRIA DE LÍTIO QUE INCLUI O MESMO

Resumo

O ânodo ***da bateria*** secundária ***de*** lítio inclui um coletor de corrente e uma camada de material ativo do ânodo localizada em pelo menos uma superfície do coletor de corrente, em que a camada de material ativo do ânodo inclui uma camada de material ativo do ânodo com uma esfericidade de 0,83 a 0,91 e um aglutinante com um diâmetro médio de partícula (D50) de 180 nm a 450 nm.

ANEXO 1-11

Pedido de patente dos Estados Unidos **20210075008**

Tipo de código **A1**

Park; Benjamin Yong; et al. **11 de março de 2021**

Dispositivo de armazenamento de energia pré-litizado e métodos para pré-litizar um dispositivo de armazenamento de energia

Resumo

A presente divulgação diz respeito a eléctrodos de Si pré-litizados, métodos de pré-litização de eléctrodos de Si e utilização de eléctrodos pré-litizados em dispositivos electroquímicos. Existem várias caraterísticas da prelitização de eléctrodos que permitem um desempenho superior ***da bateria***. Em primeiro lugar, um ânodo de silício pré-litizado já se encontra no seu estado expandido durante a formação da SEI e, por conseguinte, uma menor quantidade da camada SEI decompõe-se e reforma-se durante o ciclo. Em segundo lugar, o ânodo pré-litizado tem um potencial anódico mais baixo, o que também pode ajudar o desempenho do ciclo de um dispositivo eletroquímico.

ANEXO 1-12

Pedido de patente dos Estados Unidos	**20210066712**
Tipo de código	**A1**
KIM; Young-Ki; et al.	**4 de março de 2021**

MATERIAL ACTIVO DE ELÉCTRODO POSITIVO PARA BATERIA DE LÍTIO RECARREGÁVEL E BATERIA DE LÍTIO RECARREGÁVEL QUE INCLUI O MESMO

Resumo

A presente invenção refere-se a um material ativo de elétrodo positivo para uma ***bateria*** de lítio recarregável e a uma ***bateria*** de lítio recarregável que inclui o mesmo, em que o material ativo de elétrodo positivo compreende um núcleo e uma camada superficial formada na superfície do núcleo, o núcleo compreendendo uma primeira estrutura cristalina, a camada superficial compreendendo uma primeira estrutura cristalina e uma segunda estrutura cristalina diferente da primeira estrutura cristalina, estando a primeira estrutura cristalina mais presente do que a segunda estrutura cristalina na camada superficial.

ANEXO 1-13

Pedido de patente dos Estados Unidos **20210066683**

Tipo de código **A1**

Lane; Robert Clinton **4 de março de 2021**

Método para prevenir ou minimizar eventos de fuga térmica em baterias de iões de lítio

Resumo

Um método para prevenir ou minimizar a ocorrência de um evento de fuga térmica num módulo ***de bateria*** de um veículo elétrico. O método coloca uma barreira de gás entre um espaço de ventilação e uma parede de cada célula ***da bateria***, de modo a que o gás que sai de uma célula ***da bateria*** não entre em contacto com outra célula ***da bateria***.

ANEXO 1-14

Pedido de patente dos Estados Unidos **20210057777**

Tipo de código **A1**

SUGIYO; Takeshi ; et al. **25 de fevereiro de 2021**

BATERIA TOTALMENTE EM ESTADO SÓLIDO, MÉTODO DE FABRICO DA MESMA E DISPOSITIVO DE PROCESSAMENTO

Resumo

A presente invenção evita o colapso da borda de uma camada de elétrodo de um corpo laminado incluído numa ***bateria*** totalmente em estado sólido. Um método de produção de uma ***bateria de*** estado sólido inclui uma etapa de formação de um corpo laminado (310) que inclui (i) uma camada de elétrodo positivo (302), (ii) uma camada de elétrodo negativo (304) com uma polaridade oposta à polaridade da camada de elétrodo positivo (302) e

(iii) uma camada de solidelectrólito (303) disposta entre a camada de elétrodo positivo (302) e a camada de elétrodo negativo (304); e uma etapa de corte que consiste em cortar um bordo periférico exterior do corpo laminado (310) de modo a formar um corpo laminado contendo um material em pó.

ANEXO 1-15

Pedido de patente dos Estados Unidos **20210057755**

Tipo de código **A1**

Brewer; John C. ; et al. **25 de fevereiro de 2021**

ÂNODOS PARA DISPOSITIVOS DE ARMAZENAMENTO DE ENERGIA À BASE DE LÍTIO

Resumo

É divulgado um ânodo para um dispositivo de armazenamento de energia à base de lítio, como uma ***bateria*** de iões de lítio. O ânodo inclui um coletor de corrente com uma camada condutora de eletricidade e uma camada de superfície que cobre a camada condutora de eletricidade. Uma camada de armazenamento de lítio cobre a camada superficial e a camada superficial inclui um calcogeneto metálico com pelo menos um dos seguintes elementos: enxofre ou selénio. O calcogeneto metálico pode incluir um sulfureto metálico, um polissulfureto metálico, um seleneto metálico, um polisseleneto metálico ou uma combinação destes. O calcogeneto metálico pode incluir um sulfureto de cobre ou um polissulfureto de cobre. A camada de armazenamento de lítio pode incluir um teor total de silício, germânio ou uma combinação dos mesmos de, pelo menos, 40 % atómico. A camada de armazenamento de lítio pode ser uma camada porosa contínua de armazenamento de lítio com uma densidade média de cerca de 1,1 g/cm.sup.3 a cerca de 2,25 g/cm.sup.3 e compreende pelo menos 85 % atómico de silício amorfo.

ANEXO 1-16

Pedido de patente dos Estados Unidos **20210057721**

Tipo de código **A1**

KAWASAKI; Daisuke ; et al. **25 de fevereiro de 2021**

BATERIA SECUNDÁRIA DE IÕES DE LÍTIO

Resumo

É fornecida uma ***bateria*** secundária de iões de lítio com elevada densidade energética e excelentes caraterísticas de ciclo, e que dificilmente causa queimaduras. A presente invenção diz respeito a uma ***bateria*** secundária de iões de lítio que compreende uma camada de mistura de eléctrodos que inclui um material ativo de elétrodo que compreende uma liga de Si com um diâmetro médio de 1,2 .mu.m ou menos e 12% em peso ou mais e 50% em peso ou menos de um ligante de elétrodo; e uma solução electrolítica compreendendo 60% em volume ou mais e 99% em volume ou menos de um composto de éster de ácido fosfórico, 0% em volume ou mais e 30% em volume ou menos de um composto de éter fluorado e 1% em volume ou mais e 35% em volume ou menos de um composto de carbonato fluorado, em que a quantidade total do composto de éster de ácido fosfórico e do composto de éter fluorado é 65% em volume ou mais.

ANEXO 1-17

Pedido de patente dos Estados Unidos **20210057690**

Tipo de código **A1**

Fukutome; Kazuaki ; et al. **25 de fevereiro de 2021**

BATERIA E MÉTODO DE FABRICO DA MESMA

Resumo

Um conjunto de ***baterias*** inclui uma pluralidade de células ***de bateria*** secundárias, um suporte ***de bateria***, um substrato de circuito e uma caixa exterior, em que o suporte ***de bateria*** está dividido numa pluralidade de suportes divididos, cada um dos suportes divididos forma uma estrutura de encaixe para encaixar os suportes divididos uns nos outros numa interface para unir os suportes divididos, o suporte ***da bateria*** forma uma área de suporte do substrato que contém um substrato de circuito com o substrato de circuito rodeado por paredes laterais num estado em que os suportes divididos são acoplados uns aos outros pela estrutura de encaixe, uma interface de junção em que os suportes divididos são encaixados uns nos outros pela estrutura de encaixe dos suportes divididos é exposta na área de suporte do substrato, e uma superfície do substrato do circuito é coberta com uma resina de envasamento na área de suporte do substrato.

ANEXO 1-18

Pedido de patente dos Estados Unidos **20210057687**

Tipo de código **A1**

MATSUO; Tatsumi ; et al. **25 de fevereiro de 2021**

DISPOSITIVO DE BATERIA E MÉTODO DE FABRICO

Resumo

Um dispositivo ***de bateria*** inclui uma célula ***de bateria***; um membro exterior que acomoda a célula de bateria; e um ou mais membros de fixação de resina espumada dispostos entre a célula ***de bateria*** e o membro exterior. Os elementos de fixação de resina espumada são formados por uma resina espumada com capacidade de auto-adesão.

ANEXO 1-19

Pedido de patente dos Estados Unidos **20210053689**

Tipo de código **A1**

Lynn; Robert; et al. **25 de fevereiro de 2021**

SISTEMA E MÉTODO DE GESTÃO TÉRMICA DO HABITÁCULO DO VEÍCULO

Resumo

O sistema pode incluir um subsistema de gestão térmica a bordo. O sistema 100 pode, opcionalmente, incluir um subsistema de infra-estruturas fora de bordo (extraveicular). O subsistema de gestão térmica a bordo pode incluir: um conjunto de ***baterias***, um ou mais circuitos de fluido e um coletor de ar. O sistema 100 pode incluir, adicional ou alternativamente, quaisquer outros componentes adequados.

ANEXO 1-20

Pedido de patente dos Estados Unidos **20210052313**

Tipo de código **A1**

Shelton, IV; Frederick E. ; et al. **25 de fevereiro de 2021**

INSTRUMENTO CIRÚRGICO PORTÁTIL MODULAR ALIMENTADO POR BATERIA COM APLICAÇÃO SELECTIVA DE ENERGIA COM BASE NA CARACTERIZAÇÃO DOS TECIDOS

Resumo

Um instrumento cirúrgico compreende um conjunto de haste que inclui uma haste e uma pinça acoplada a uma extremidade distal da haste; um conjunto de pega acoplado a uma extremidade proximal da haste; um conjunto de ***bateria*** acoplado ao conjunto de pega; uma saída de energia de radiofrequência (RF) alimentada pelo conjunto de ***bateria*** e configurada para aplicar energia RF a um tecido; uma saída de energia ultra-sónica alimentada pelo conjunto ***da bateria*** e configurada para aplicar energia ultra-sónica ao tecido; e um controlador configurado para, com base pelo menos em parte numa caraterística medida do tecido, iniciar a aplicação de energia RF pela saída de energia RF ou a aplicação de energia ultra-sónica pela saída de energia ultra-sónica num primeiro momento.

ANEXO 1-21

Pedido de patente dos Estados Unidos **20210050591**

Tipo de código **A1**

Brewer; John C. ; et al. **18 de fevereiro de 2021**

ÂNODOS PARA DISPOSITIVOS DE ARMAZENAMENTO DE ENERGIA À BASE DE LÍTIO E MÉTODOS DE FABRICO DOS MESMOS

Resumo

Um método de fabrico de um ânodo pré-litizado para utilização numa ***bateria*** de iões de lítio inclui o fornecimento de um coletor de corrente com uma camada eletricamente condutora e uma camada de óxido de metal sobreposta à camada eletricamente condutora. A camada de óxido de metal tem uma espessura média de pelo menos 0,01 .mu.m. Uma camada porosa contínua de armazenamento de lítio é depositada sobre a camada de óxido de metal por um processo CVD. O lítio é incorporado na camada porosa contínua de armazenamento de lítio para formar uma camada de armazenamento litiada antes de um primeiro ciclo eletroquímico quando o ânodo é montado na ***bateria***. O ânodo pode ser incorporado numa ***bateria de*** iões de lítio juntamente com um cátodo. O cátodo pode incluir enxofre ou selénio e o ânodo pode ser pré-litizado.

ANEXO 1-22

Pedido de patente dos Estados Unidos **20210043941**

Tipo de código **A1**

HORIUCHI; Hiroshi ; et al. **11 de fevereiro de 2021**

BATERIA

Resumo

Uma ***pilha*** inclui um elétrodo positivo que inclui um coletor de corrente de elétrodo positivo e uma camada de material ativo de elétrodo positivo fornecida no coletor de corrente de elétrodo positivo e tem uma porção exposta do coletor de corrente de elétrodo positivo na qual o coletor de corrente de elétrodo positivo está exposto; um elétrodo negativo, que inclui um coletor de corrente de elétrodo negativo e uma camada de material ativo de elétrodo negativo no coletor de corrente de elétrodo negativo e tem uma porção exposta do coletor de corrente de elétrodo negativo na qual o coletor de corrente de elétrodo negativo está exposto; um separador entre o elétrodo positivo e o elétrodo negativo; e uma camada intermédia entre o separador e pelo menos um dos eléctrodos positivo e negativo e que inclui pelo menos uma fluorresina e um grão.

ANEXO 1-23

Pedido de patente dos Estados Unidos **20210043931**

Tipo de código **A1**

KIM; Do-Yu **11 de fevereiro de 2021**

PRECURSOR DE MATERIAL ACTIVO POSITIVO PARA BATERIA DE LÍTIO RECARREGÁVEL, MATERIAL ACTIVO POSITIVO PARA BATERIA DE LÍTIO RECARREGÁVEL, MÉTODO DE PREPARAÇÃO DO MATERIAL ACTIVO POSITIVO E BATERIA DE LÍTIO RECARREGÁVEL QUE INCLUI O MATERIAL ACTIVO POSITIVO

Resumo

Uma forma de realização fornece um precursor de material ativo positivo para uma ***bateria*** de lítio recarregável, incluindo: um precursor ***composto*** à base de níquel, incluindo uma partícula secundária que compreende uma pluralidade de partículas primárias agregadas, o precursor ***composto*** à base de níquel com uma porção central e uma porção de superfície, e a porção central do precursor ***composto*** à base de níquel incluindo um fosfato.

ANEXO 1-24

Pedido de patente dos Estados Unidos **20210036368**

Tipo de código **A1**

JIANG; Yao ; et al. **4 de fevereiro de 2021**

BATERIA DE IÕES DE LÍTIO E APARELHO

Resumo

Esta aplicação fornece uma ***bateria*** de iões de lítio e um aparelho. A ***bateria*** de iões de lítio inclui um conjunto de eléctrodos e um eletrólito. O conjunto do elétrodo inclui uma placa de elétrodo positivo, uma placa de elétrodo negativo e um separador. Um material ativo positivo da placa do elétrodo positivo inclui Li.sub.x1CO.sub.y1M.sub.1- y1O.sub.2-z1Q.sub.z1, em que 0,5.ltoreq.x1.ltoreq.1.2, 0,8.ltoreq.y1.ltoreq.1.0, 0.ltoreq.z1.ltoreq.0.1, M é selecionado a partir de um ou mais dos seguintes elementos: Al, Ti, Zr, Y e Mg, e Q é selecionado a partir de um ou mais dos seguintes elementos: F, Cl e S. O eletrólito contém um aditivo A, um aditivo B e um aditivo C. O aditivo A é um composto polinitrilo nitro-heterocíclico de seis membros com um potencial de oxidação relativamente baixo. O aditivo B é um composto anidrido. O aditivo C é um composto de carbonato cíclico substituído por halogéneo.

Printed by Books on Demand GmbH, Norderstedt / Germany